# 슈뢰딩거의 고양이
## SCHRÖDINGER'S CAT

# 슈뢰딩거의 고양이

**발행일** 2017년 1월 2일 초판 1쇄 발행
2022년 12월 30일 초판 7쇄 발행
**지은이** 애덤 하트데이비스
**옮긴이** 강영옥
**발행인** 강학경
**발행처** 시그마북스
**마케팅** 정제용
**에디터** 최연정, 최윤정
**디자인** 김문배, 강경희

**등록번호** 제10-965호
**주소** 서울특별시 영등포구 양평로 22길 21 선유도코오롱디지털타워 A402호
**전자우편** sigmabooks@spress.co.kr
**홈페이지** http://www.sigmabooks.co.kr
**전화** (02) 2062-5288~9
**팩시밀리** (02) 323-4197
**ISBN** 978-89-8445-821-5(03400)

SCHRÖDINGER'S CAT by Adam Hart-Davis

Interior design and illustrations: Jason Anscomb, Rawshock design.
Photo credits: Shutterstock.com, 8–9, 12, 13, 14, 15, 18, 20, 26–27, 33, 35, 41, 47, 52–53, 54, 55, 57, 64, 68, 70, 74, 77, 80, 83, 84, 91, 92, 93, 95, 101, 114–115, 116, 119, 123, 132, 136, 137, 141, 142, 146, 153, 157, 160, 161, 163, 167.
Printed in Malaysia

# 슈뢰딩거의 고양이

## SCHRÖDINGER'S CAT

**물리학의 역사를 관통하는 50가지 실험**

애덤 하트데이비스 지음
강영옥 옮김

시그마북수
*Sigma Books*

# 차례

# 들어가며

사람들은 항상 만물이 어떤 원리로 돌아가는지 호기심을 가져왔다. 수많은 원시인들이 자신의 머리 위를 비추는 밤하늘의 달과 별을 바라보면서 경외심에 벅차올라 궁금증에 사로잡혔을 것이다. 그래서인지 각 문화권에는 하늘과 지구의 탄생에 관한 고유 설화가 있다. 한편 다른 분야와 달리 물리학은 논리, 추론, 특히 실험을 통해 세상의 진리를 파헤쳐왔다.

물리학은 오랜 역사를 가지고 있다. 아마도 과학 분야에서는 역사가 가장 오래됐을 것이다. 과학 발전의 선구자는 천문학이었다. 밤하늘을 관찰하다 보면 특별한 현상이 보이지 않을 때도 있고 유성, 혜성, 초신성이 나타날 때도 있었다. 이러한 모든 현상은 맨눈으로 관찰이 가능했기 때문에 별에 관한 정보를 쓰고 별자리 지도를 만들 수 있었다. 1600년 무렵 망원경이 발명되면서 천문학은 한 단계 도약했다. 그러나 천문학은 그 특성상 실험을 하기 어려운 학문이었다. 이 책에 천문학 관련 실험이 거의 등장하지 않는 것도 바로 이 때문이다.

엠페도클레스의 클렙시드라 실험과 아르키메데스의 욕조 실험 사이에는 약 200년의 시간이 있는데, 그동안 인류의 계산력과 학문에 대한 이해력이 크게 향상됐다. 그러나 아라비아의 과학자, 기술자, 연금술사 덕분에 과학이 발전하고 이슬람의 황금시대가 동트기 전까지, 과학 분야의 발전은 정체된 것이나 다름없었다. 이후 잠시 암흑기에 머물러 있던 과학에 획기적인 사건이 일어났다. 1543년 코페르니쿠스가 지동설을 발표하고, 그로부터 67년 후 갈릴레이가 목성의 위성을 발견하면서 코페르니쿠스의 지동설이 옳다고 주장한 것이다.

갈릴레이는 모험을 걸고 획기적인 실험을 했다. 이어 로버트 보일과 아이작 뉴턴은 화학과 물리학의 기반을 탄탄히 다져놓았다. 과학자들은 실용적인 기술과 이론으로 새롭게 무장됐고 소리의 속도, 빛

의 속도, 지구의 질량, 날개의 공력특성을 측정했다. 이러한 과학적 성과는 대부분 유럽, 특히 독일에서 탄생했다. 그 후발주자로 미국이 과학 분야에서 맹위를 떨치기 시작했다.

19세기 말 무렵의 과학계에는 놀라운 발견들이 줄을 지었다. 5년이라는 짧은 기간 동안 엑스선, 방사선, 전자가 발견된 것이다. 이는 과학 사상, 이론, 실험을 한 단계 끌어올리는 계기가 되었다. 한편 20세기 초반에는 물질의 성질에 관한 연구로 비약할 만한 성과를 얻었다.

세계대전이 터지면서 세계는 두 진영으로 갈렸다. 각국은 과학자들을 군사프로젝트에 투입하여 레이더, 마이크로 파장, 토카막(핵융합 반응을 실험하기 위한 핵용합 물질-역주)을 개발하는 데 열을 올렸다. 전쟁이 끝나고는 기초과학 분야가 또 한 번의 전성기를 맞이했다. 천문학자, 천체물리학자, 우주과학자는 더 정확하게 우주를 탐색하기 시작했다. 반도체 트랜지스터의 집적회로 밀도는 2년에 두 배씩 증가한다는 무어의 법칙대로 컴퓨터의 성능도 2년에 두 배 속도로 성장했다.

21세기는 막대한 비용을 투자한 대규모 실험이 이뤄지는 거대과학의 시대다. 한 프로젝트에만 수천 명의 물리학자와 많은 슈퍼컴퓨터가 투입된다. 슈퍼컴퓨터는 여기서 생성되는 대량의 데이터 스트림을 분석한다.

이처럼 엄청난 경비와 인력이 투입되고 있지만 물리학에 완성이란 없다. 이미 수차례의 실험을 거쳐 검증된 사실 속에도 항상 새로운 질문이 숨어 있다. 물론 그 답을 찾은 후에도 또 다른 질문이 기다리고 있을 것이다.

# CHAPTER 1: 고대의 과학 실험:
## BC 430~AD 1307년

고대 중국인들은 그야말로 위대한 발명가였다. 자기나침반, 화약, 종이, 인쇄술, 지진계 등은 불가사의에 가까운 발명품들이다. 이보다 과학에 더 많은 관심을 보였던 이들은 고대 그리스인들이었다. 그러나 과학에 관한 글이 본격적으로 등장하기 시작한 시기는 고대 이후였다. 특히 아리스토텔레스는 물리학, 생물학, 동물학 등 다양한 과학 분야에 관한 글을 발표했으나 직접 실험을 하지는 않았다. 반면에 엠페도클레스, 아르키메데스, 에라토스테네스는 단순하고도 명쾌한 실험을 했다.

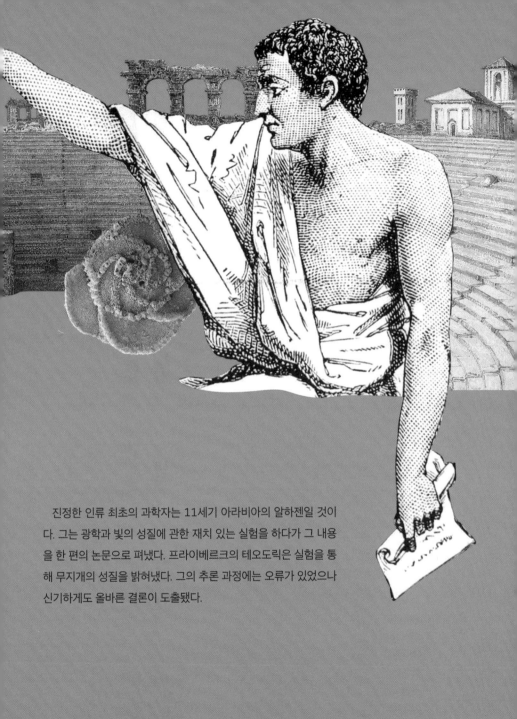

진정한 인류 최초의 과학자는 11세기 아라비아의 알하젠일 것이다. 그는 광학과 빛의 성질에 관한 재치 있는 실험을 하다가 그 내용을 한 편의 논문으로 펴냈다. 프라이베르크의 테오도릭은 실험을 통해 무지개의 성질을 밝혀냈다. 그의 추론 과정에는 오류가 있었으나 신기하게도 올바른 결론이 도출됐다.

**연구자:**
엠페도클레스

**연구 분야:**
공기역학

**결론:**
공기는 물질적 실체다.

# 공기도 '실체'일까?

## 엠페도클레스, 만물의 근원을 찾다

시칠리아 섬의 남서부 해안 한가운데에는 아그리젠토라는 도시가 있다. 지금도 곳곳에 아름다운 그리스 사원이 남아 있다. 산등성이 위에 나란히 줄을 지은 사원들은 햇살을 받으며 눈부신 자태를 뽐낸다. 웅장한 원형 극장의 흔적도 남아 있다. 기원전 5세기, 찬란한 문화 유적이 남아 있는 이곳에 엠페도클레스(Empedocles)라는 그리스 철학자가 살고 있었다. 그는 자신의 4원소설을 입증하기 위해 인류 최초로 실험을 한 인물로 알려져 있다.

## 4원소설

**4원소설**

만물은 무엇으로 구성되어 있을까? 엠페도클레스만 이 질문에 대한 답을 찾기 위해 고민하고 자신의 이론을 펼쳤던 건 아니다. 탈레스는 물이 만물의 근원이라고 했다. 물은 고체인 얼음이나 기체인 수증기로 변하므로, 다른 물질로도 변할 수 있다고 생각했던 듯하다. 한편 만물이 여러 가지 물질들의 조합으로 구성된다고 주장하는 학자들도 있었다. 엠페도클레스는 만물이 흙, 공기, 불, 물의 네 가지 원소(엠페도클레스의 표현에 따르자면 네 가지 근원)가 다양한 비율로 혼합되어 생성된다고 생각했다. 또한 그는 각 원소가 원래의 상태로 돌아가려는 성질이 있다고 주장했다. 가령 흙은 항상 아래로 향하고, 물은 바다를 향해 흐르며, 물이 끓어서 생긴 공기는 위를 향하고, 불

불

온            건

공기                        흙

습            한

물

은 태양에 가까이 가려 한다는 것이다.

한편 엠페도클레스는 이 네 원소가 불변하는 성질이 있다고 했다. 즉 네 원소는 사랑으로 서로 결합하고 불화로 인해 흩어지기도 하면서 일정하게 흘러가는 상태에 있다는 것이다.

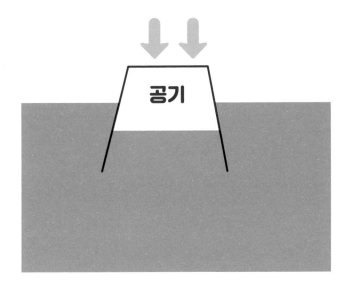

그러나 이 이론에는 약간의 문제가 있었다. 일부 키니코스학파는 공기는 원소가 될 수 없다고 보았다. 이들은 공기를 무의 존재로 여겼다. 이에 엠페도클레스는 물이 끓어서 공기가 된다는 점을 지적했다. 위에 있는 그림을 잠시 살펴보자. 물이 끓으면 거품이 보글보글 생기지 않는가? 그런데 이 실험만으로 키니코스학파의 비판을 잠재울 수 없었다. 이에 엠페도클레스는 묘안을 떠올렸다.

## 클렙시드라 실험
엠페도클레스는 시간을 확인할 때 쓰는 물시계, 즉 클렙시드라를 사용했다. 클렙시드라는 바닥에 구멍이 뚫린 도자기 항아리였다. 그는 클렙시드라를 한 번 뒤집어 물을 빼고 클렙시드라에 난 구멍을 손가락으로 막았다. 그리고 그 상태로 클렙시드라를 바다에 집어넣었다가 꺼냈다. 무언가가 클렙시드라 안으로 물이 들어가지 못하도록 막고 있어서 클렙시드라 안이 바짝 말라 있다는 사실을 확인시켜주기 위해서였다. 클렙시드라 안의 무언가는 틀림없이 공기였다. 이로써 공기가 무의 존재가 아닌 실체라는 사실이 증명된 것이다.

만물이 흙, 공기, 불, 물의 네 원소로 이뤄져 있다는 생각은 이후 2,000년이 넘도록 과학계를 지배해왔다. 이후 엠페도클레스의 4원소설에 도전장을 던진 이가 있었다. 그는 다름 아닌 로버트 보일이다.

### 불 속에서 생을 마감한 엠페도클레스

엠페도클레스는 자신이 영원히 죽지 않을 것이라 믿었다. 사람들에게 자신이 불멸의 존재임을 확인시켜주기 위해 그는 에트나 산이라는 활화산에 올라갔다. 그리고 그곳에서 용암이 펄펄 끓어오르는 분화구 속으로 몸을 던졌다고 한다. 샌들이 벗겨져서 분화구 속으로 미끄러졌다는 설도 있다. 어쨌든 엠페도클레스가 에트나 산에 올라간 후 그 누구도 그의 얼굴을 볼 수 없었다.

# 욕조의 물은 왜 넘칠까?

## 아르키메데스, 목욕 중에 깨달음을 얻다

## BC 240년경
## 연구

**연구자:**
아르키메데스

**연구 분야:**
유체정역학

**결론:**
부력의 원리를 발견하다.

아르키메데스(Archimedes)는 기원전 287년 무렵 시칠리아 섬의 시라쿠사에서 출생하여 기원전 212년 그곳을 침공한 로마 군사에게 죽임을 당했다. 다시 말해, 줄곧 시라쿠사에서 살았다. 그는 고대 최고의 수학자로 손꼽히는 인물이었다. 통조림 캔 속의 오렌지처럼 원기둥에 구를 내접시키면, 구의 부피가 원기둥 부피의 3분의 2이며 구의 겉넓이도 원기둥 겉넓이의 3분의 2임을 증명해냈다. 오늘날처럼 방정식을 이용하지 않고 이 사실을 증명해낸 것이다. 자신의 묘비에 원기둥에 내접한 구를 새겨달라고 유언을 남길 정도로 그가 가장 자부심을 느꼈던 업적이었다.

## 전쟁용 무기

아르키메데스는 재주가 좋은 기술자이기도 했다. 기원전 212년 로마 함대가 그리스를 침공하자 그는 온갖 종류의 방어 무기를 제작했다. 그중에는 무거운 돌을 날려 보내는 투석기, 물에 떠 있는 배의 끝부분만 살짝 들어 올려서 다시 물에 내려놓는 원리를 이용한 기중기, 태양광선의 반사 원리를 이용한 살인 광선 등이 있다.

한편 그는 지렛대와 도르래의 원리도 훤히 꿰뚫고 있었다. 짐이 가득 실린 배에서도 도르래 여러 개를 이용해 손쉽게 짐을 옮겼다. 이와 관련하여 "나한테 지렛대 하나만 주시오. 이것만 있으면 나는 세계를 들어 올릴 수 있소"라고 한 유명한 일화가 있다.

## 수상쩍은 왕관

아르키메데스의 최고 업적은 수상쩍은 왕관에 얽힌 수수께끼를 풀어냈다는 것이다. 히에론 2세는 왕관 제작자에게 순금 한 덩어리(약 1킬로그램)를 주며 새 왕관을 만들어달라고 의뢰했다. 완성된 왕관은 겉은 화려했으나 히에론 2세는 왕관 제작자가 몰래 금을 빼돌리고 그만큼을 은으로 바꿔치기 한 것이 아닌지 의심이 들었다. 왕관의 무게는 1킬로그램 그대로였다. 정말 순금으로 왕관을 만들었을까?

히에론 2세는 아르키메데스를 불러 이 문제를 해결할 방법을 찾아보라고 부탁했다. 왕이 준 과제는 쉽지 않았다. 어쨌든 아르키메데스는 왕관 제작자가 공들여 만든 왕관을 훼손하고 싶지 않았다. 그는 좀처럼 목욕을 하러 가는 일이 없었지만 답을 찾으려 골머리를 썩이다가 머리를 식히기 위해 시내의 공중목욕탕으로 갔다.

## 과학사에 한 획을 그은 목욕

아르키메데스는 욕조에 몸을 담그던 순간 두 가지 사실을 깨달았다. 하나는 그가 담근 몸의 부피만큼 수면이 올라간다는 점이다. 간혹 욕조 밖으로 물이 넘칠 때도 있었다. 다른 하나는 물에 들어가면 자신

의 몸무게가 가볍게 느껴진다는 점이다. 바로 이때 섬광처럼 영감이 떠올랐다. 전해 내려오는 일화에 의하면 아르키메데스는 깨달음을 얻자마자 욕조에서 뛰쳐나와 "유레카('내가 그것을 알아냈다' 혹은 '내가 답을 찾았다'라는 의미)"라고 외치며 알몸으로 곧장 집으로 달려갔다고 한다. 아르키메데스가 욕조에서 어떤 깨달음을 얻었는지 잠시 살펴보도록 하자.

1. 우리가 물속에 몸을 담그면 몸의 부피만큼 물이 위로 밀려난다. 곧 몸의 부피만큼 수면이 높아진다.
2. 우리는 물속에 있을 때 몸이 가볍다고 느낀다. 물의 무게만큼 부력이 위쪽으로 밀어 올려주기 때문이다. 이것이 바로 그 유명한 아르키메데스의 원리다.

아르키메데스는 이 원리에 따라 물통에 물을 가득 채운 뒤 왕관을 집어넣었다. 그리고 바닥으로 이동된 물, 즉 넘친 물의 양을 측정했다.

질량을 부피로 나누면 밀도를 구할 수 있다. 밀도를 구하는 법을 알고 있던 그는 밀도와 질량을 이용해 부피를 구했을 것이다. 물론 그는 순금 약 1킬로그램의 부피가 0.33리터라는 사실을 알고 있었을 테며, 은은 금보다 밀도가 낮으므로 은이 섞이면 부피가 커진다는 점도 예상했을 것이다. 따라서 같은 질량이라면 금보다 은의 부피가 훨씬 크다.

## 아르키메데스의 원리 응용하기

그런데 물체의 부피는 정확하게 측정하기 어렵다. 아마 아르키메데스는 물이 밀어 올리는 힘, 즉 부력의 원리를 이용했을 것이다. 그는 왕에게 약 1킬로그램의 순금을 빌린 뒤, 왕관과 금을 양팔저울 위에 올려놓고 두 물체의 질량을 똑같이 맞췄다. 그리고 이 상태 그대로 저울을 물통 속에 집어넣었다. 왕관이 순금으로 만들어지지 않았다면 왕관의 부피는 0.33리터보다 클 것이다. 부력은 부피에 좌우되므로 당연히 부력도 커질 것이다. 따라서 왕관이 순금보다 위로 떠올라야 한다.

아르키메데스의 예상대로 왕관이 놓인 쪽 저울이 위로 떠올랐다. 이후 금을 몰래 다른 금속으로 바꿔치기 한 왕관 제작자는 즉시 처벌을 받았다.

# 지구의 둘레는
# 어떻게 측정할까?

### 태양, 그림자, 그리고 그리스의 기하학

## BC 230년경
연구

**연구자:**
에라토스테네스

**연구 분야:**
기하학

**결론:**
지구의 둘레는 약 40,000킬로미터다.

알렉산드리아는 기원전 332년 알렉산더 대왕이 이집트 나일강 어귀에 건설한 도시다. 기원전 3세기경 그리스권 국가에서 학문의 중심지였다. 알렉산드리아 도서관에 소장되어 있는 양피지나 모조 피지 두루마리만 수천여 점에 달할 정도였다. 학문과 문화가 한창 꽃을 피우던 기원전 240년경, 알렉산드리아 도서관에 신입 사서가 임명됐다. 그 주인공은 수학자 에라토스테네스(Eratosthenes)였다.

에라토스테네스는 소수를 쉽게 찾는 방법인 '에라토스테네스의 체'를 만든 인물로도 잘 알려져 있다. 여러분이 지금 2와 50 사이의 소수를 찾고 싶다고 하자(일반적으로 1은 소수로 보지 않는다). 먼저 2부터 50까지의 숫자를 격자무늬 공책에 써보자. 소수는 1과 자기 자신이 약수인 수이므로 2보다 큰 2의 배수를 모두 지운다. 그다음에 3의 배수를 모두 지운다. 같은 방법으로 5의 배수와 7의 배수도 지운다. 이제 남아 있는 수를 모두 적어보자. 따라서 2와 50 사이의 소수는 2, 3, 5, 7, 11, 13, 17, 19, 23, 29, 31, 37, 41, 43, 47이다.

## 지구의 둘레 재기

에라토스테네스는 지리학자이기도 했다. 아마도 그는 고대에서 가장 유능한 학자였을 것으로 짐작된다. 놀랍게도 고대 그리스인들은 지구가 둥글다는 사실을 알고 있었다. 이에 대한 두 가지 확실한 증거를 대보겠다. 첫째, 배가 육지를 떠날 때를 생각해보자. 배는 선체의 모습이 시야에서 먼저 사라지고 돛대만 남는다. 그러고 나서 돛대도 점점 작아지므로 눈에 잘 보이지는 않지만 수평선을 넘어간다. 둘

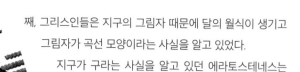

째, 그리스인들은 지구의 그림자 때문에 달의 월식이 생기고 그림자가 곡선 모양이라는 사실을 알고 있었다.

지구가 구라는 사실을 알고 있던 에라토스테네스는 지구의 둘레를 측정해보고 싶었다. 알렉산드리아에서 약 800킬로미터 떨어진 시에네 지방(현재의 아스완), 나일강의 엘리펀트 섬에 우물이 하나 있었다. 에라토스테네스는 한여름 정오가 되면 이 우물물에 태양빛이 반사되는 모습을 본 사람이 있다는 소식을 들었다. 그 시간에는 태양의 고도가 90도였던 것이다. 에라토스테네스는 그 우물을 찾아갔지만 우물물이 바짝 말라 잡석들만 남아 있었다. 안타깝게도 그는 태양빛이 반사되는 모습을 관찰할 수 없었다.

## 태양의 각도 재기

에라토스테네스는 알렉산드리아로 돌아와 다른 방법을 찾았다. 그는 지면에 수직이 되도록 막대기를 꽂아놓았다. 그리고 한여름 정오가 됐을 때 태양의 각도를 쟀다. 정확하게 말하자면 막대기와 그림자의 모서리가 이루는 사이각을 잰 것이다. 그랬더니 각도는 7.2도였다. 이 각이 바로 19쪽 그림의 각 A다.

한편 각 A*는 각 A와 크기가 같다. 평행선의 성질에 의하면 두 직선이 평행을 이룰 때 대각선 방향에 있는 두 각, 즉 엇각은 그 크기가 같기 때문이다. A*은 알렉산드리아와 시에네 사이의 중심각이다.

그리하여 에라토스테네스는 다음과 같이 간단한 식으로 지구의 둘레를 계산할 수 있었다.

- 알렉산드리아와 시에네 사이의 각도=7.2도
- 알렉산드리아에서 시에네까지의 거리=약 800킬로미터
- 알렉산드리아에서 알렉산드리아까지 각도=360도=50×7.2도

고로 지구의 둘레는 50×800=40,000킬로미터다.

당시 그리스에는 일정한 간격으로 걷는 훈련을 받고 보폭을 재는 사람들이 있었다. 알렉산드리아에서 시에네까지의 거리는 이들이 공식적으로 측정한 수치였으며, 에라토스테네스는 이 수치를 바탕으로 지구의 둘레를 계산했다. 사실 원래 그가 계산했던 단위는 '스타디아'다. 스타디아를 킬로미터로 환산하면 정확하게 얼마인지는 알려져 있지 않다. 어쨌든 지구 둘레의 정확한 측정값이 40,072킬로미터라는 점에 비춰본다면 에라토스테네스의 측정값은 상당히 정확한 수치라고 할 수 있다.

한편 아르키메데스와 에라토스테네스는 나이 차가 많았지만 막역한 사이였다고 한다. 아르키메데스가 에라토스테네스를 만나려고 시칠리아에서 이집트까지 먼 거리를 찾아올 정도였다. '아르키메데스의 나선식 펌프'는 아마 이 시기에 발명된 것으로 추정되며, 지금도 나일강에서 관개용수를 끌어오는 데 사용되고 있다.

이후 아르키메데스는 친구인 에라토스테네스에게 서신에 아주 복잡한 수학 퀴즈(혹은 그리스어로 된 문제나 수치)를 적어 보냈다. 그중 하나는 네 가지 색의 암소와 황소 떼에 관한 문제였다. 그런데 반드시 방정식을 세워서 각 그룹에 몇 마리가 있는지 풀어야 했다. 그가 계산한 값 중에는 20만 자리수가 넘는 큰 수도 있었다고 한다.

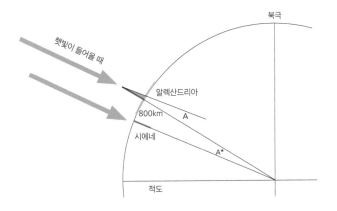

**연구자:**
알하젠

**연구 분야:**
광학

**결론:**
빛은 직진한다.

# 빛은 어떻게 운동하는가?

## 카메라 옵스큐라의 발명

세계 최초로 체계적인 실험을 한 학자를 꼽는다면 누굴까? 정답은 아라비아 출신의 과학자 이븐 알하이삼으로, 라틴어 이름인 알하젠(Alhazen)으로도 불린다.

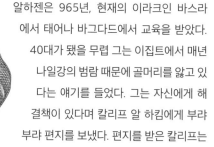

알하젠은 965년, 현재의 이라크인 바스라에서 태어나 바그다드에서 교육을 받았다. 40대가 됐을 무렵 그는 이집트에서 매년 나일강의 범람 때문에 골머리를 앓고 있다는 얘기를 들었다. 그는 자신에게 해결책이 있다며 칼리프 알 하킴에게 부랴부랴 편지를 보냈다. 편지를 받은 칼리프는 그를 강물이 범람하는 현장으로 보냈다.

알하젠은 원래 아스완에 댐을 만들 계획이었다. 요즘 사람들이 보기에 알하젠이 내놓은 아이디어는 합리적일 것이다. 그런데 그가 미처 생각하지 못한 문제가 있었다. 나일강은 여러 개의 지류로 나뉘어 있었지만 면적이 상당히 넓었다. 당시의 기술 수준으로 그렇게 넓은 면적에 댐을 만들 수는 없었다. 알하젠이 자신의 실수를 솔직하게 인정했다가는 무자비한 폭군 칼리프에게 목이 달아날 판이었다. 잔뜩 겁에 질린 알하젠은 미친 척을 하기로 결심했다. 그는 1021년 칼리프가 사망할 때까지 10년 동안 가택연금을 당했고 미친 사람 행세를 하며 살았다.

## 눈에 상이 맺히는 원리를 연구하다

알하젠은 이 10년 동안 광학 연구와 실험에 매진했다. 처음에 그는 눈에 상이 맺히는 원리를 연구했다. 유클리드와 프톨레마이오스를 비롯한 다른 학자들은 눈에 상이 맺히는 원리를 다음과 같이 설명했다. 나무를 예로 들어보겠다. 우리가 눈을 뜨고 나무를 향해 광선을 방출하면 나무에서 그 빛을 받는다. 그리고 그 빛이 우리 눈으로 산란되어 상이 맺힌다. 아리스토텔레스는 실제 형태가 그대로 우리 눈에 상으로 맺히는 것이라 생각했다.

그런데 알하젠은 빛이 눈에 보이는 물체로부터 온다고 보았다. 그렇다면 우리가 할 일은 눈을 뜨고 쏟아지는 빛을 받는 것이다. 그는 눈이 어떤 구조로 이뤄져 있는지 확인하기 위해 직접 황소의 눈을 해부했고, 이를 바탕으로 사람의 눈은 어떤 구조이며 어떤 원리로 상이 맺히는지 도식으로 설명했다.

한편 그는 지평선 근처에 있는 달이 실제보다 더 커 보이는 이유는 지평선 근처에 있는 나무 등 주변 사물에 대한 정보가 뇌에 영향을 미치기 때문이라고 했다. 반대로 하늘 위에 홀로 떠 있는 달은 멀리 있다고 생각하기 때문에 실제보다 더 작아 보인다.


## 카메라 옵스큐라

알하젠은 빛이 항상 직진한다고 생각했다. 물체가 햇빛을 받으면 날카로운 모서리가 있는 그림자가 생기기 때문이었다. 이 원리를 명쾌하게 설명하기 위해 그는 장치를 하나 만들었다. 이것이 바로 '어두운 방'이라는 뜻을 가진 카메라 옵스큐라다. 잠시 카메라 옵스큐라의 원리를 살펴보자. 어둡고 작은 방의 한쪽 덧문에는 작은 구멍이, 다른 쪽 덧문에는 하얀 벽, 즉 스크린이 있다. 영리한 알하젠은 밖에서 햇빛이 비치면 그 빛이 작은 구멍을 통해 흘러들어와 반대편 벽에 외부 풍경을 보여줄 것이라 짐작하고 있었다. 그런데 벽에 맺힌 상은 상하, 좌우가 바뀌어 있었다. 단 바깥 세계의 움직임과 색채는 선명하

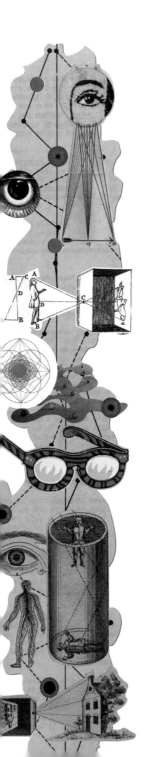

게 나타나 있었다. 사람들은 카메라 옵스큐라에 맺힌 상을 보며 감탄했다. 전에는 이처럼 선명한 상을 한 번도 본 적이 없었기 때문이다.

만일 작은 구멍을 통해 들어오는 빛이 직진하지 않는다면 온갖 색채가 뒤죽박죽이 되어 상이 맺힐 수 없다. 알하젠은 빛이 직진하는 성질을 이용하여 사람들에게 상이 맺히는 원리를 설명했다.

저녁이 되고 날이 어두워지자 그는 카메라 옵스큐라를 설치했다. 그리고 램프 세 개만 걸어놓고 다른 빛은 모두 차단했다. 그러자 벽에 점 세 개가 나타났다. 세 점은 모두 램프에서 나온 빛이었다. 이렇게 그는 사람들에게 빛이 구멍을 통해 들어오고 직진한다는 과학적 증거를 제시했다. 그는 빛이 들어오는 경로인 구멍을 손으로 막아 빛을 차단시킬 수 있다는 것도 보여줬다. 이처럼 그는 단순명쾌하게 빛의 직진을 설명했다.

## 광학의 서

알하젠은 렌즈, 거울, 반사, 굴절 현상도 직접 실험했는데, 이에 관한 이론과 실험 내용을 정리한 책이 『광학의 서』다. 『광학의 서』는 레오나르도 다빈치, 갈릴레이, 데카르트, 아이작 뉴턴이 극찬했던 최초의 실험과학서다. 알하젠이 발표한 저서는 200편이 넘는 것으로 알려져 있으나 현재 50편만 전해지고 있다.

알하젠은 최초의 과학자라는 평가를 받아야 마땅한 인물이다. 그는 기존의 이론을 맹신하지 않았으며 물리적 현상에 대한 체계적인 관찰과 이론과의 관계를 신뢰했던 학자였다. 이러한 까닭에 그는 과학적 방법론의 창시자라 불리고 있다.

# 1307년경
# 연구

**연구자:**
테오도릭

**연구 분야:**
광학

**결론:**
광선은 경로로 이동한다.

# 무지개는 왜
# 여러 가지 색깔일까?

## 빛의 경로에 대한 이해

1250년 독일에서 태어난 테오도릭(Theodoric)은 도미니크회 수사가 되어, 1293년부터 1296년까지 독일 대주교 관구에서 고위직을 지냈다. 그러다가 1304년 툴르즈 지방 수도회 총회의 관구장 고문인 에메릭에게 무지개에 관한 연구를 해보라는 제안을 받았다.

테오도릭은 다소 독립적인 성향을 지닌 사람이었다. 그는 보수적인 관점만 고집하며 관습과 교리에 치우치지 않았고, 모든 사람들이 알아들을 수 있도록 라틴어가 아닌 독일어로 설교했다.

이러한 독립적인 성향은 그의 진지하고 과학적인 연구 태도에 영향을 끼쳤다. 특히 그는 전해 내려오는 이론보다는 실험을 바탕으로 한 자신의 이론을 전개했다.

## 잘못된 색채 이론

테오도릭의 색채 이론은 독창적이었고, 실험을 통해 검증 과정도 거쳤다. 안타깝게도 사실은 완전히 잘못된 이론이다. 그는 요즘 사람들처럼 색채를 연속 스펙트럼의 개념으로 생각하지 않고(빨강-주황-노랑-초록-파랑-남색-보라), 빨강, 노랑, 초록, 파랑의 네 가지 기조색만 있다고 생각했다. 이 중 빨강과 노랑은 '맑은' 반투명색이고, 초록과 파랑은 '탁한' 불투명색이라고 보았다.

게다가 그는 빛이 유리판의 모서리나 수면에 가까운 곳을 지날 때는 맑은 색, 즉 빨간색으로 변하는 반면, 표면에서 가장 먼 중심부에서는 노란색이 된다고 생각했다. 또 물질이 투명하면 탁한 색은 초록색으로, 물질이 불투명하면 탁한 색은 파란색으로 변한다고 보았다.

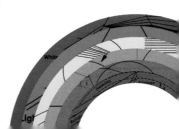

## 빛의 굴절과 반사

테오도릭은 자신의 아이디어를 테스트하기 위해 유리 프리즘에 햇빛을 통과시켰다. 그는 맑은 색인 빨강은 프리즘 표면으로부터 가장 가까운 곳에, 탁한 색인 파랑은 프리즘 표면으로부터 가장 먼 곳에 위치한다고 생각했다. 따라서 그는 표면에서 가까운 순서는 빨강, 노랑, 초록, 파랑이라 보았다. 이를 확인하기 위해 테오도릭은 육각형 프리즘으로 햇빛을 관찰했다. 프리즘으로 빛을 통과시킨 후 스크린에 남아 있는 색을 관찰했더니 그가 예상했던 순서대로 색이 배열돼 있었다. 그는 이 과정을 도식으로 설명했다. 이 도식에 의하면 빛은 프리즘을 통과할 때와 프리즘에 남을 때 두 번 굴절되고 색은 프리즘 내에서 생성된다. 또 프리즘 내에서 빛이 반사될 수 있다.

## 빛의 경로

테오도릭은 커다란 원형 플라스크 두 개를 가져와 그 안을 물로 가득 채웠다. 그리고 그는 플라스크를 통해 들어오는 햇빛을 응시하다가 고개를 올렸다 내린 뒤 다시 빛을 관찰했다. 그랬더니 이번에는 배열 순서가 반대였다. 무지개의 순서대로라면 빨간색이 맨 위, 파란색이 맨 아래여야 했다. 여기서 그는 태양 광선이 플라스크 안에서 반사되어 두 번 굴절됐기 때문에 순서가 뒤바뀌었음을 깨달았다. 그가 그렸던 도식과 정확하게 일치하는 결과였다.

그는 다음 세 가지 사실을 입증할 수 있었다. 광선이 띠는 색채에 따라 플라스크를 통과하여 이동하는 경로가 다르고, 이 경로에서 각각의 색채가 생성되며, 이는 단순히 관찰자의 시각에 좌우되는 현상이 아니라는 점을 말이다.

따라서 그는 햇빛이 빗방울을 통해 이동하는 경로도 플라스크의 물을 통과할 때의 경로와 같을 것이라 추측했다. 빗방울은 빠른 속도로 낙하하고 다른 빗방울로 대체된다. 빗방울을 마치 물방울로 이뤄진 정지된 막과 같다고 본 것이다. 안타깝게도 이 도식은 태양이 관찰자와 빗방울과 같은 거리에 있는 경우만 설명할 수 있었다. 이는 광선들이 서로 평행하지 않다는 의미였다. 하지만 무지개가 왜 원형인지 설명할 수 있었다는 점에서는 훌륭한 아이디어다.

실제로 태양은 우리와 아주 먼 거리에 있다. 빛이 우리 머리 위를 직선으로 지나 지면에 있는 그림자 위로 떨어진다고 하자. 무지개는 항상 이 직선과 42도를 이루는 지점에서 생긴다. 그러니까 태양이 지평선 위에 있을 때 최대 각도는 42도이며 무지개가 그리는 원의 일부만 나타난다. 여러분이 비행기 안이나 산 위에서 보는 무지개는 완벽한 원형이다.

무지개는 물리적인 대상이 아니다. 따라서 우리는 무지개의 끝을 볼 수 없고 우리가 움직일 때 무지개도 따라 움직인다. 다만 하늘에서는 무지개가 부채꼴 형태로 나타날 뿐이다.

실제 각도는 42도인데 테오도릭은 22도인 지점에서 측정했다. 이상하게도 각도는 잘못됐는데 측정 결과는 정확했다.


## 반전

테오도릭이 유리 플라스크를 바른 각도로 놓았을 때 2차 무지개가 나타났다. 2차 무지개는 1차 무지개와 색의 순서가 반대였다. 파란색이 맨 위에 있었다. 이번에 그는 광선이 물방울 속에서 두 번 반사된 것이라 생각했다.

테오도릭의 굴절과 색채, 무지개의 각도에 대한 이론은 완전히 잘못됐다. 그러나 그는 누구보다도 자신이 제안한 이론을 실험으로 검증하기 위해 모델과 과학적 방법론을 훌륭하게 활용한 학자였다.

# CHAPTER 2: 계몽주의:
## 1308~1760년

암흑기에는 종교 교리가 학문 전반을 지배했다. 심지어 철학자들도 교리의 굴레에서 벗어나지 못했다. "왜 이런 현상이 일어날까?"라는 질문에 대한 답은 "신의 뜻입니다"로 정해져 있었다. 암흑기를 벗어나면서 어떤 현상에 논리적으로 접근하려는 이들이 하나둘씩 등장했다. 1620년대에 발표된 영국의 철학자 프랜시스 베이컨의 저서에서는 경험론적 증거와 실험과학을 강조하고 있다.

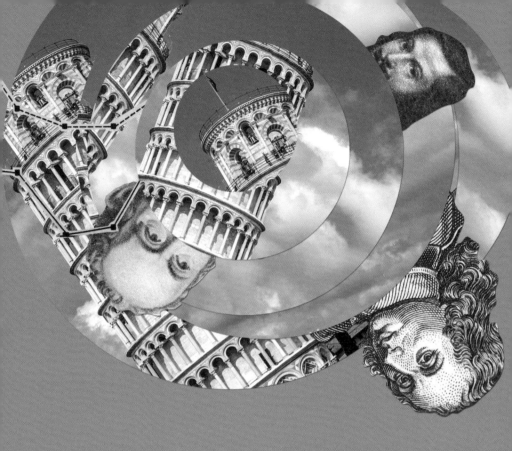

　로버트 노만과 갈릴레이가 실험과학의 세계에 본격적으로 뛰어들면서 이러한 추세는 계속 이어졌다. 아이작 뉴턴은 첫 논문을 발표하자마자 천재성을 인정받았고, 과학 분야는 빛의 속도, 소리의 속도, 얼음이 녹을 때의 융해열 등 다양한 연구로 활기를 띠었다. 그중 1687년 뉴턴이 발표한 과학 총서 『프린키피아』는 단연 으뜸이다.

# 1581
# 연구

**연구자:**
로버트 노만

**연구 분야:**
지구과학

**결론:**
흔들리는 나침반의 자침은 극을 향해 살짝 아래로 기운다.

# 자북은 어디일까?

## 자침의 원리를 찾아서

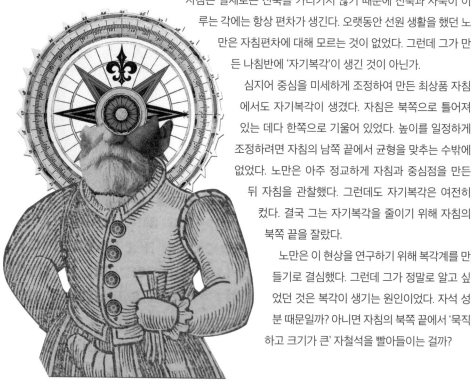

로버트 노만(Robert Norman)은 20년 가까이 항해 생활을 하던 선원이었다. 그러다가 영국의 런던 근교에 정착하여 도구 제작자가 되었다. 그가 주로 제작했던 도구는 선원들의 항해 필수품인 나침반이었다. 그는 철로 자침을 만든 뒤 마그네타이트라고 하는 천연광물, 자철석으로 바늘을 자석화시켰다.

자침은 실제로는 진북을 가리키지 않기 때문에 진북과 자북이 이루는 각에는 항상 편차가 생긴다. 오랫동안 선원 생활을 했던 노만은 자침편차에 대해 모르는 것이 없었다. 그런데 그가 만든 나침반에 '자기복각'이 생긴 것이 아닌가.

심지어 중심을 미세하게 조정하여 만든 최상품 자침에서도 자기복각이 생겼다. 자침은 북쪽으로 틀어져 있는 데다 한쪽으로 기울어 있었다. 높이를 일정하게 조정하려면 자침의 남쪽 끝에서 균형을 맞추는 수밖에 없었다. 노만은 아주 정교하게 자침과 중심점을 만든 뒤 자침을 관찰했다. 그런데도 자기복각은 여전히 컸다. 결국 그는 자기복각을 줄이기 위해 자침의 북쪽 끝을 잘랐다.

노만은 이 현상을 연구하기 위해 복각계를 만들기로 결심했다. 그런데 그가 정말로 알고 싶었던 것은 복각이 생기는 원인이었다. 자석 성분 때문일까? 아니면 자침의 북쪽 끝에서 '묵직하고 크기가 큰' 자철석을 빨아들이는 걸까?

## 최초의 나침반

그는 양팔저울의 한쪽에는 작은 철 조각을, 다른 한쪽에는 납 조각을 올려놓은 다음 균형을 맞췄다. 그리고 자철석으로 철을 문질러 자석화한 뒤에 철 조각을 다시 양팔저울 위에 올려놓았다. 당시 관찰 내용은 다음과 같다.

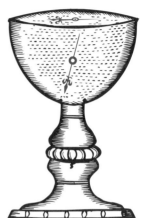

> 보시다시피 철 조각을 자철석으로 처리하기 전과 후의 무게는 같다. 자침의 북쪽 끝에서 무거운 자철석을 끌어들였다면, 자침의 남쪽 끝에서도 똑같이 자철석을 끌어들일 것이다. 그렇다면 복각이 생기지 않을 것이다.

## 와인 잔 실험

이번에는 길이가 2인치 정도 되는 강선으로 실험을 했다. 먼저 강선을 촘촘한 코르크 조각에 찔러 넣는다. 이때 코르크는 물 위에서 강선을 지탱할 수 있는 크기에, 물속에서도 받쳐질 수 있어야 한다.

이제 어느 정도 깊이가 되는 컵 혹은 용기를 가져와 그 안을 상당량의 물로 채운다. 그리고 이것을 조용하고 바람이 없는 곳에 둔다. 그다음에는 코르크가 달려 있는 강선을 물에 담근 후 수면으로부터 5~7센티미터 아래에 위치할 때까지 코르크를 조금씩 잘라낸다. 강선의 위쪽 끝과 아래쪽 끝은 균형이 잘 맞춰진 양팔저울의 막대기처럼 수면의 높이에 맞춘다. 강선은 위로도 아래로도 삐죽 튀어 나와서는 안 된다.

그러니까 노만은 먼저 코르크에 강선을 찔러 넣은 다음에 강선이 꽂혀 있는 코르크가 강선과 함께 수면 위로 떠오를 때까지 코르크를 조심스럽게 깎아낸 것이다. 그는 코르크가 물에 살짝 담긴 상태로 떠오를 것이라 주장했다. 그런데 이는 절대 사실일 리가 없다. 짐작컨

대 코르크는 물속으로 거의 가라앉았을 것이다.

이후 노만은 물에서 코르크를 꺼내왔다. 그리고 강선의 북쪽 끝과 남쪽 끝부분을 자철석으로 자석화한 뒤 물속에 다시 집어넣었다.

"이제 여러분은 앞에서 설명했듯이 강선이 약간 기울어진 채 중심을 따라 흔들리는 현상을 볼 수 있을 것이다."

이 방법이야말로 자침을 세 방향에서 회전시킬 수 있는 멋진 아이디어였다. 그러니까 자침은 자기장이 가장 센 쪽으로 끌려간다. 그러나 나침반 베어링(회전 운동이나 직선 운동을 하는 굴대를 받치는 기구, 즉 나침반 가운데에 있는 중심부-역주)의 마찰이 너무 심해서 이런 나침반을 실제로 만들 수는 없었을 것이다.

## 위도 측정

한편 그는 복각을 측정하여 위도를 측정할 수 있는 장치를 만들어보려고 했다. 여러분이 북극 방향으로 갈수록 복각, 즉 편각의 크기가 점점 커질 것처럼 보인다. 안타깝게도 복각의 원리는 생각처럼 간단하지 않다. 그런데 노만은 끝내 정교한 복각계를 만들었다.

이후로도 노만이 계속해서 관심을 보였던 대상이 있었다. 우리가 자철석의 자기장이라 부르는 것이었다. "자기장의 힘이 사람의 눈에 보인다면, 아마도 거대한 나침반 속 자철석 주변을 뱅글뱅글 돌면서 그 영역을 넓혀가는 구의 형태일 것이다."

노만은 이처럼 기발한 아이디어를 떠올렸지만 그 이상 발전시키지는 못했다. 이 아이디어를 이론으로 정립한 이는 의사이자 물리학자였던 윌리엄 길버트였다. 그는 지구 자체가 자기장이 있는 하나의 거대한 자석이라는 사실을 밝혀냈다. 나침반의 자침을 가장 세게 잡아당기고 있던 힘은 다름 아닌 지구의 자기장이었던 것이다.

# 질량이 큰 물체와 작은 물체 중 어느 쪽이 더 빨리 낙하할까?

## 중력과 낙하운동의 법칙

**1587**
**연구**

**연구자:**
갈릴레오 갈릴레이

**연구 분야:**
중력

**결론:**
물체는 질량과 관계없이 등속으로 낙하한다.

갈릴레오 갈릴레이(Galileo Galilei)는 평생 이탈리아의 피사, 파도바, 피렌체 밖으로 나가본 일이 거의 없었다. 이런 그가 초창기 실험과학계를 대표하는 인물이 되었다. 그의 명쾌하고 논리적인 세계관은 "자연은… 복잡한 원리로 돌아가지 않고 아주 단순한 원리로 돌아가고 있는지도 모른다"는 말에 잘 드러나 있다.

갈릴레이가 처음 세상에 자신의 이름을 알리게 된 때는 1581년이다. 당시 의대생이었던 그는 피사 대성당에서 설교를 듣고 있었다. 신부님의 설교가 너무 길어서 아마 딴짓을 하고 있었던 모양이다. 그는 우연히 천장에서 램프가 흔들리고 있는 모습을 보았다. 램프는 천장의 꼭대기로부터 길게 드리워진 체인에 매달린 채 좌우로 천천히 흔들리고 있었다. 궁금증이 발동한 그는 자신의 맥박에 맞춰 램프가 왕복하는 주기를 측정했다. 그런데 놀라운 일이 벌어졌다. 램프가 좌우로 흔들리는 길이, 즉 램프의 왕복 주기가 항상 일정했던 것이다.

## 진자 실험

집으로 돌아간 갈릴레이는 줄의 끝에 추를 몇 개 달아 진자를 만들었다. 진자의 진동을 관찰하고 그는 다음과 같은 결론을 내렸다. 진자의 진동에 영향을 주는 건 추의 진동 너비도, 줄에 달린 추의 무게도 아니었다. 바로 줄의 길이였다. 진자의 진동 속도를 두 배 늦추려면 줄의 길이를 네 배로 늘려야 했다. 여기에서 유도된 공식이 바로 $t=2\pi\sqrt{\frac{l}{g}}$로, 이때 t는 시간, l은 진자의 길이를 의미한다. g는 중력가속도, 즉 981다인(힘의 CGS 단위. 질량 1g의 물체에 작용하여 1cm/s²의 가속

도가 생기게 하는 힘-역주)이다.

이로부터 갈릴레이는 괜찮은 아이디어를 하나 얻었다. 진자의 원리를 적용한 기계 시계를 제작하는 것이었다. 그는 진자시계의 설계도까지 완성했지만, 안타깝게도 실물로 제작하지 못하고 1642년 세상을 떠나고 말았다. 그로부터 15년 후, 네덜란드 출신의 영재 과학자 크리스티안 하위헌스가 세계 최초의 진자시계를 만들었다.

## 낙체 법칙

1589년 피사대학교의 수학과 교수로 임용된 후 갈릴레이는 아리스토텔레스의 가정, 낙체 운동을 집중적으로 연구하기 시작했다. 아리스토텔레스에 의하면 무거운 물체가 가벼운 물체보다 더 빨리 낙하한다. 즉, 질량의 차이가 두 배인 돌을 높은 곳에서 던지면 무거운 돌이 가벼운 돌보다 두 배 더 빨리 떨어진다는 것이다.

갈릴레이는 아리스토텔레스의 원리가 사실인지 궁금했고 직접 실험을 해보기로 했다. 그는 기적의 광장에 있는 유명한 피사의 사탑에 올라갔다. 그리고 낙하 속도를 확인하기 위해 꼭대기에서 질량이 다른 공을 여러 개 던졌다. 그런데 공 여러 개를 동시에 던진다는 것이 말처럼 쉬운 일은 아니었다. 공이 지면에 닿을 때 공의 움직임이 너무 빨라서 아무것도 볼 수가 없었다. 그는 속도를 측정하기는커녕 쓸 만한 연구 결과를 하나도 건질 수 없었다.

## 경사면

들리는 얘기로는 갈릴레이가 나무 막대기를 U자로 다듬은 뒤 홈을 파고 양피지로 막을 씌웠다고 한다. 그리고 그는 한쪽 끝은 떨어지지 않도록 손으로 받치고 다른 한쪽 끝에서는 잘 손질한 구리 공을 굴렸다. 그는 경사면을 이용하여 낙하 속도를 서서히 늦췄다. 그랬더니 빠르게 낙하하는 물체의 속도를 확인할 수 있었다.

다만 시간을 재는 일이 여전히 문제였다. 당시만 하더라도 정확한 시간을 측정할 수 있는 시계가 없었기 때문이다. 처음에 그는 자신의 맥박에 맞춰 시간을 재다가, 물시계로 바꿨다. 이 방법도 통하지 않자 나중에 그는 소리를 이용했다. 그는 경사면 위에 작은 종을 달았다. 공이 지나가다가 경사면에 닿는 순간 '핑' 소리가 나면 그 소리를 듣고 속도의 변화 상태를 연구할 수 있었다.

갈릴레이는 일정한 시간 간격을 두고 공을 하나씩 떨어뜨렸다. 공이 아래로 굴러갈수록 핑 소리가 커졌다. 공이 낙하하면서 가속이 붙은 것이었다. 그는 공의 위치를 다양하게 바꿔가며 실험을 반복했다. 경사면에 1, 3, 5, 7, 9의 간격으로 공을 놓았더니 같은 시간 차이로 핑 소리가 났다. 그리고 공은 출발점으로부터 1, 4, 9, 16, 25의 위치에 있었다. 이렇게 하여 그는 공이 굴러가는 거리가 1초에 1, 2초에 4, 3초에 9, 4초에 16의 단위로 빠르게 멀어진다는 사실을 증명할 수 있었다. 그러니까, 공이 굴러간 거리는 시간의 제곱에 비례했다.

## 등가속도

이 실험을 통해 갈릴레이는 경사면에서 물체가 질량에 관계없이 등가속도 운동을 한다는 사실을 증명했다. 아리스토텔레스의 가정이 완전히 틀렸던 것이다.

**연구자:**
블레즈 파스칼

**연구 분야:**
대기과학

**결론:**
고도가 높아지면 대기압이 감소한다.

# 산꼭대기에서는
# 공기가 더 희박할까?

## 대기압

블레즈 파스칼(Blaise Pascal)은 프랑스 클레르몽페랑에서 태어났다. 어릴 적부터 신동이었던 그는 수학자이자 물리학자로 성장하여 순수수학과 확률론 연구의 개척자가 되었다. 또한 계산기를 발명하고 직접 제작한 다재다능한 인물이었다. 갈릴레이와 토리첼리의 연구에 관심이 많았던 그는 끈질긴 연구 끝에 대기압의 상승 및 하강 원리를 발견했다.

## 갈릴레이와 토리첼리

1642년 갈릴레이가 세상을 떠나기 전이었다. 갈릴레이는 토스카나 대공의 펌프 제작자로부터 지하수의 깊이가 10미터를 넘으면 펌프가 물을 빨아올리지 못한다는 얘기를 우연히 들었다. 뭔가 이상하다고 여긴 갈릴레이는, 끝까지 그의 임종을 지킬 정도로 수제자이던 토리첼리와 이 문제를 상의했다.

토리첼리의 실험

토리첼리는 수은을 이용하여 실험을 해보기로 했다. 수은은 물보다 밀도가 14배 정도 높다. 약 1미터 낮은 곳에서 실험해야 지하수의 펌프와 같은 조건이 된다. 그는 먼저 길이가 1미터 정도인 유리관을 만들고, 한쪽 끝을 막은 후 유리관을 수은으로 채웠다. 그리고 열려 있는 쪽을 손가락으로 막고 유리관을 뒤집어서 수은이 가득 채워져 있는 볼록한 그릇에 꽂았다. 그랬더니 유리관 수은주가 낮아져 그릇 속 액체의 표면을 기준으로 76센티미터였다.

문제는 유리관의 윗부분에 생긴 공간이었다. 이 공간의 상태를 두고 학자들 간에 논쟁이 벌어졌다. 토리첼리는 이 공간이 진공 상태일 것이라고 주장했으나 대부분의 사람들이 그의 주장을 믿지 않았다. "자연은 진공 상태를 혐오한다"는 아리스토텔레스의 이론을 진리처럼 여기고 있었기 때문이다.

토리첼리는 유리관의 수은주가 오르락내리락 하는 것이 날씨 때문일지 모른다는 사실을 알고 있었을지도 모른다. 그에게 확신이 있었더라면 기압계를 발명했을 테지만, 유감스럽게도 그는 기압계를 발명하지 못한 채 1647년 세상을 떠나고 말았다.

## 파스칼의 실험

파스칼은 토리첼리의 실험 결과를 듣고 호기심이 생겼다. 어떻게 유리관 속 액체가 일정한 높이로 유지될 수 있는지 궁금했던 그는 여러 가지 액체로 직접 실험을 해보았다. 공기의 무게가 그릇 안 액체를 누르고 있기 때문일까? 산 위에서보다 더 낮은 압력이 가해져서일까? 그는 산 정상에서는 유리관에 담긴 액체의 높이가 더 낮을 것이라고 굳게 믿고 있었다.

그리하여 그는 실험을 해보기로 했다. 프랑스 중심부의 클레르몽페랑 인근에는 퓌드돔이라는 사화산이 있었다. 파스칼은 매형인 플로리안 페리에를 끈질기게 조른 끝에 퓌드돔의 1,000미터 위치까지 올라가서 실험을 할 수 있었다. 1648년 9월 19일 오전 8시, 페리에는 산기슭의 수도원에서 출발했다. 그리고 그곳에서 수은주의 높이

**파스칼의
물통 실험**

를 측정했다. "이곳에서 수은주는 그릇 안 수은주보다 26인치 3.5라인(1인치=12라인)이 더 높았다."

그리고 파스칼은 실험 조수들과 함께 1.3미터 길이의 유리관 몇 개와 수은 7킬로그램을 가지고 산 정상으로 올라갔다. "정상에서 수은주는 23인치 2라인이었다. … 나는 정신을 바짝 집중시키고… 산 정상의 여러 위치에서… 다섯 번이나 같은 실험을 했다. … 그런데 매번 같은 결과가 나왔다." 그러니까 산기슭보다 산 정상에서의 압력이 더 낮았던 것이다.

### 파스칼의 원리

공기의 무게가 수은주와 물기둥을 누르고 있는 것이 사실이었다. 현재 해수면을 기준으로 한 대기압은 1평방인치당 15프사이(psi, 압력의 단위로 1평방인치당 파운드를 의미한다), 대략 100킬로파스칼(kPa)이 넘는다. 이때 1파스칼은 1제곱미터당 1뉴턴의 힘이 작용할 때의 압력을 말한다.

100킬로파스칼에 대한 대기압은 1제곱센티미터당 1킬로그램이다. 쉽게 설명하면 여러분의 손톱에 약 1킬로그램의 압력이 가해지고 있다는 것이다. 다행히도 손톱 아래에 살이 있어서 우리는 실제로는 그만큼의 압력이 가해진다는 걸 느끼지 못한다.

그러니까 파스칼은 액체 기둥의 바닥 압력은 높이에 비례한다는 사실을 증명한 셈이다. 약 10미터 길이의 얇은 수직관을 물이 가득 채워진 물통 바닥까지 꽂고 꼭대기까지 물을 부으면 물통이 터진다.

한편 파스칼은 밀폐된 용기 속에서는 모든 방향에서 압력이 같다는 사실도 증명했다. 이것이 바로 우리가 알고 있는 '파스칼의 원리'다. 파스칼의 원리를 이용한 발명품으로는 주사기와 수압기가 있다.

# 타이어는 왜 공기로 채울까?

## 기압과 진공의 힘

**1660**
**연구**

**연구자:**
로버트 보일, 로버트 훅

**연구 분야:**
기체역학

**결론:**
질량이 일정한 기체의 부피는 압력에 반비례한다.

로버트 보일(Robert Boyle)은 1627년 1월 25일, 아일랜드 남부 해안의 리즈모어 성에서 코크 백작의 일곱 번째 아들로 태어났다. 10대에 보일은 가정교사와 유럽 전역으로 여행을 다녔다. 그때 갈릴레이를 만나면서 과학자가 되기로 결심한다.

## 마그데부르크 반구 실험

1654년 독일의 마그데부르크에서는 시장이자 열정적인 과학자였던 오토 폰 게리케가 공기펌프를 만들었다. 그는 진공의 힘, 더 정확하게 말하면 대기압의 힘을 설명하기 위해 이 공기펌프를 사용했다. 1657년 그는 이 펌프를 이용하여 지름이 약 30센티미터인 놋쇠 반구를 진공 상태로 만들고 여러 마리의 말이 양쪽에서 반구를 끌도록 했다. 반구는 꿈쩍도 하지 않았다. 놋쇠 반구 속에 다시 공기를 채우니까 그제야 반구가 열렸다.

옥스퍼드에 정착한 보일은 토리첼리와 파스칼의 연구와 마그데부르크 반구 실험에 대해 잘 알고 있었고, 직접 공기펌프를 제작하기 위해 로버트 훅(Robert Hooke)을 고용했다. 보일과 훅이 수차례의 실험을 거듭하여 얻은 결과는 1660년 발표한 『물리-역학에 관한 새로운 실험: 공기의 탄성과 작용에 대해』에 기록돼 있다.

마그데부르크 반구

## 공기펌프 실험

보일과 훅은 공기펌프로 유리종(종같이 생긴 유리기구-편집자주) 안의 공기를 빨아들여 진공에 가까운 상태로 만들었다. 이때의 압력은 정상적인 대기압의 10분의 1 미만이었을 것이다. 아마 두 사람은 실내에서 공기를 빼내고 실험했을 것이다. 실험 결과는 다음과 같다.

- 연소하고 있던 촛불이 꺼졌다. 따라서 촛불이 점화되려면 공기가 필요하다.
- 유리종 안에서 울리는 종소리는 밖에서 들리지 않는다. 따라서 소리를 전달시키려면 공기가 필요하다.
- 벌겋게 달궈진 쇠가 계속 작열하고 있다. 이는 빛을 전달할 공기가 필요 없다는 뜻이다.
- 유리종 안의 새와 고양이가 죽었다. 따라서 생명체의 생명이 유지되려면 공기가 필요하다.

공기

공기

## J자관 실험

먼저 왼쪽 첫 번째 그림을 보자. 보일과 훅의 실험에서는 관의 바닥에 수은이 채워져 있고 뚜껑이 밀폐된 쪽에는 일정량의 공기가 가둬져 있다. 이때 공기의 압력을 감소시키는 방법은 두 가지다. 관 속을 꽉 채우거나 아예 공기를 빼는 것이다. 이번에는 왼쪽 두 번째 그림을 보자. 뚜껑이 열린 쪽에 수은을 더 많이 넣으면 압력이 증가한다는 사실을 알 수 있다.

한편 리처드 타운리도 헨리 파워와 함께 똑같은 실험을 하고 있었다. 1661년 4월 27일 이들은 펜들 힐의 300미터 높이까지 올라가서 '계곡의 공기' 샘플을 채취하여 J자관에 넣었다. 그리고 정상까지 올라갔다. 대기압이 더 낮은 정상에서는 샘플의 부피가 증가해 있었다. 이들은 '산의 공기' 샘플을 채취하여 J자관에 담은 뒤 언덕 아래로 내려왔다. 그랬더니 부피가 줄어

J자관

들어 있었다.

　그해 겨울 타운리는 보일과 이 실험 결과에 대한 토론을 했고, 부피와 압력 사이에 반비례 관계가 성립할 것이라는 주장을 했다. 보일도 직접 정량 분석을 했고 자신이 관찰한 결과를 꼼꼼하게 기록해놓았다. 그리고 기체의 질량이 일정할 때 부피와 압력은 반비례 관계에 있다는 결론을 내렸다. 이것이 바로 그 유명한 '보일의 법칙'이다. 그런데 당시에는 훅, 아이작 뉴턴, 심지어 보일까지도 이 법칙을 '타운리의 가설'이라고 했다.

## 공기의 탄성

보일은 개개의 공기 입자는 성기게 얽혀 있는 양모 타래처럼 생겼을 것이라 생각했다. 양모 타래는 스프링처럼 압력을 증가시켜 압축시킬 수 있는 반면, 압력이 낮아지면 원상태로 복귀한다. 보일이 '공기의 탄성'이라는 표현을 했는데, 이는 자동차와 자전거에 공압 타이어가 사용되는 이유다. 공기의 탄성은 노면의 거칠기를 조절하는 역할도 한다.

## 기압계

기록에 의하면 토리첼리는 같은 고도라도 수은주의 높이에 차이가 생길 수 있다는 사실을 알지 못했다. 이 사실을 알고 있던 보일과 훅은 이 현상이 조수간만 차이에서 비롯된 것이 아닌지 의심했지만 수은주의 높이는 간조나 만조와는 상관관계가 없었다. 수은주에 영향을 끼치는 건 날씨였다. 날씨가 좋을 때는 수은주가 높이 올라가고, 날씨가 좋지 않을 때, 특히 폭풍이 몰아칠 때는 수은주가 아래로 내려갔다. 토리첼리도 이 원리를 증명했지만, 엄밀히 따지면 최초로 기압계를 발명한 사람은 토리첼리가 아니라 보일과 훅이다.

**연구자:**
아이작 뉴턴

**연구 분야:**
광학

**결론:**
무지개의 일곱 색깔을 혼합하면 백색광이 나온다.

# '흰색'도 색깔에 포함될까?

## 백색광의 신비를 풀다

아이작 뉴턴(Isaac Newton)은 1642년 크리스마스이브에 태어났다. 뉴턴이 세 살 되던 해 아버지가 세상을 떠났고, 어머니가 부유한 성직자와 결혼하면서 뉴턴은 외가에 버려졌다. 불우한 성장배경 탓에 뉴턴은 고독하고 내성적인 사람으로 성장했다. 그러나 탁월한 집중력으로 무지개의 색깔부터 달과 행성의 궤도에 이르기까지 다양한 분야에서 두각을 나타냈다. 그가 역대 최고의 과학자가 될 수 있었던 이유는 이 집중력 덕분일 것이다.

1660년 후반, 뉴턴은 처음으로 반사망원경을 직접 설계하고 제작했다. 이후에 두 번째 망원경도 제작했다. 왕립학회에서는 뉴턴의 망원경을 보자마자 뉴턴을 회원으로 임명하고, 망원경 이외의 연구 분야가 더 있는지 편지를 보내왔다. 그리고 1672년 2월 6일, 뉴턴은 왕립학회에 프리즘 실험에 관한 내용을 상세히 적어 답신했다.

### 스펙트럼

"나는 방 안을 어둡게 한 뒤에 창문의 덧문에 작은 구멍을 낸 다음, 적당량의 햇빛을 통과시켰다. 그리고 반대편 벽에 빛이 굴절될 수 있도록 창문의 입구에 프리즘을 설치했다."

그랬더니 스펙트럼의 길이가 다섯 배로 늘어났다. 뜻밖의 현상에 놀란 뉴턴은 프리즘을 다시 조절했다. 이번에는 덧문 바깥쪽으로 프리즘을 설치하고 프리즘의 두꺼운 쪽으로 빛을 통과시켜서 더 큰 구멍이 생기게 했다. 그런데 첫 번째 실험과 두 번째 실험 결과에 전혀 차이가 없었다. 그는 이 현상이 햇빛의 굴절 작용과 관련이 있을 것이라고 생각했다.

　이번에 뉴턴은 방의 거리를 정확하게 측정하고 굴절각을 계산했다. 그랬더니 빨간색 광선보다 파란색 광선의 굴절각이 더 크게 나왔다. 그리고 뉴턴은 자신이 스펙트럼에서 빨강, 주황, 노랑, 초록, 파랑, 남색, 보라, 총 일곱 가지 색깔을 관찰했다고 주장했다. 당시로써는 대단한 사건이었다. 대부분의 사람들은 파란색이 여러 가지 색조로 나타날 수 있다는 사실을 몰랐기 때문에, 스펙트럼에 나타날 수 있는 색은 빨강, 주황, 노랑, 초록, 파랑, 이 다섯 가지밖에 없다고 생각했다. 뉴턴의 눈이 유독 검푸른 청색에 예민했던 것인지도 모르고, 7이 뉴턴에게 신비스러운 숫자였기 때문에 일곱 가지라고 결론을 내렸는지도 모른다.

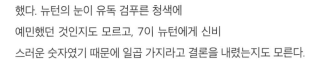

　　내 머릿속에 광선이 곡선으로 움직이지 않을지도 모른다는 의심이 생겼다. 광선의 휘는 성질 때문에 광선이 여러 개로 분해되어 나타나는 것이 아닐 수도 있다. 그런데 비스듬한 테니스 라켓에 테니스공이 스칠 때도 곡선 형태로 움직이는 걸 자주 봤는데, 하는 생각을 하다 보니 의심이 더 커졌다.

　테니스공은 회전하므로 한쪽의 공기 저항이 다른 쪽의 공기 저항보다 더 크다. 빛이 입자(혹은 '구형체')로 구성된다고 생각했던 뉴턴은, 빛의 입자도 이와 같은 원리로 이동할 것이라 추측했다. 그런데 이 실험에서 빛이 직진한다는 사실을 증명한 것이다.

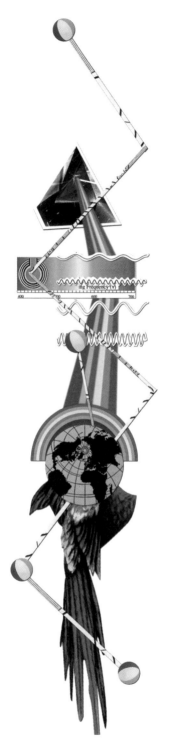

이에 뉴턴은 자신이 '결정적 실험(Experimentum crucis, 대립되는 두 개의 가설 또는 일반적인 가설의 참과 거짓을 결정하기에 충분한 실험-역주)'이라 부른 실험을 계속하기로 했다. 그는 한 가지 색만 따로 분리하기 위해 나무판자에 작은 구멍을 내고 프리즘과 벽 사이에 두었다. 그리고 뉴턴은 2차 프리즘에 빛을 통과시켰다. 편의상 이 빛을 녹색광이라고 하겠다. 여기서 뉴턴은 한 가지 사실을 확인했다. 프리즘 벽에 녹색광을 쏘아 다시 빛을 굴절시켰을 때도 굴절각은 똑같았다. 뉴턴은 빛이 계속 녹색 상태에 머무른다는 사실도 증명했는데, 이때는 빛의 색깔을 바꿀 수도, 분리시킬 수도 없었다.

## 백색광이란 무엇인가?

뉴턴은 햇빛이 "다양한 각도로 굴절되는 광선으로 구성되며, 이 광선은 굴절률에 따라 다양한 형태로 벽에 전달된다"고 했다. 즉 모든 광선을 섞으면 백색광이 되고, 각도에 변화를 주면 굴절 현상이 일어난다고 말이다. 따라서 프리즘을 이용해 빛을 분리할 수 있다고 보았다.

"이제 떨어지는 빗방울에서 무지개 빛깔이 만들어지는 원리를 확실히 깨달았다."

결론적으로 그는 렌즈(2차 프리즘)를 이용하여 광선을 한데 모아서 백색광을 만들었다. 기존의 렌즈형 망원경에는 항상 광선의 줄무늬가 생기지만 반사망원경에는 광선의 줄무늬가 생기지 않는다. 뉴턴은 프리즘을 통해 반사망원경의 원리를 설명할 수 있었고, 목성의 위성과 초승달일 때의 금성을 관찰하는 데 이 반사망원경을 이용했다.

뉴턴은 자연 상태의 모든 만물에는 고유한 색이 없으며 빛의 굴절률의 차이로 인해 다양한 색을 지니는 것이라고 했다. 그는 어두운 방에서 컬러 스펙트럼에 다양한 물체를 올려놓기만 하면 어떤 색으로든 만들 수 있다는 사실을 밝혀냈다. 그러나 "한낮의 햇빛처럼 생기가 넘치고 선명한 색은 없다"고 말했다.

# 빛은 유한한 속력으로 이동할까?

## 빛의 속력을 찾아서

## 1676
연구

**연구자:**
올레 뢰머

**연구 분야:**
광학

**결론:**
뢰머가 측정한 빛의 속력은 약 초속 214,000킬로미터였다.

빛은 엄청나게 빠른 속력으로 이동한다. 수백 년 동안 사람들은 빛이 A지점에서 B지점까지 이동하는 시간은 0초가 걸린다고 생각했다. 즉, 빛은 순간 이동을 한다고 믿었다. 1667년, 이 생각에 의심을 품고 있던 갈릴레이는 빛의 속력을 측정하는 시도를 했지만 빛의 속력이 너무 빨라서 단순한 방법으로는 측정하기 어렵다고 결론 내렸다.

한편 덴마크에 올레 뢰머(Ole Christensen Rømer)라는 학자가 있었다. 그는 20대 후반 무렵 코펜하겐에서 파리로 초빙되어, 왕립 수학자이자 루이 14세 아들의 개인교사로 지내며 프랑스 왕립천문대에서 활발한 관측 활동을 했다. 당시 프랑스 왕립천문대 대장직은 이탈리아 출신 천문학자 조반니 도메니코 카시니가 맡고 있었다. 카시니는 토성 고리의 틈을 발견한 인물로, 이 틈은 아직도 그의 이름을 따서 '카시니의 간극'이라 한다.

## 목성의 위성

카시니는 바다에서 경도를 측정할 방법을 찾고 있었다. 1610년 갈릴레이는 목성에 (이후 이오, 유로파, 가니메데, 칼리스토라고 이름이 붙은) 네 개의 위성이 존재한다는 사실을 발견하고는, 이 위성들을 관측하여 경도를 측정하는 방법을 제시했다. 목성의 위성들은 일정한 방식으로 공전하고 있었다. 그런데 독특하게도 목성과 가장 가깝고 달과 크기가 비슷한 이오만 공전 주기가 이틀 정도였다. 이 위성들은 목성의 한쪽에서만 관측할 수 있었고, 태양 빛을 받아 다시 그 모습을 완전히 드러내기도 전에 목성의 그림자에 가려져 사라졌다. 그런데 이오가 뜨는 시각은 여러분이 지구의 어느 위치에 있는지에 따라 바뀐다. 항해사가 태양 빛을 받아 이오가 모습을 드러내는 시각을 측정하고 표에 기록된 시각과 비교할 수 있다면 경도를 계산할 수 있었다.

이 방법에도 여러 가지 문제가 있었다. 이 경우에는 수십 분 동안 이오를 계속 관찰하고 있어야 한다. 그런데 구름이 낀 날에는 이오가 나타날 때까지 수십 분을 기다린다고 해도 관측이 어렵다. 특히 움직이는 배에서 이 방법으로 측정을 한다는 것은 불가능에 가깝다.

그런데도 파리 왕립천문대 천문학자들은 쓸데없이 이오가 뜨는 시각에 관한 자료만 수집하고 있었고, 카시니는 이오가 지구로부터 어느 위치에 있을 때 이오의 관측이 가능한지 예측한 자료를 정리하여 책으로 출판했다.


## 근점각 관측

뢰머는 이 자료에서 이상한 점을 발견했다. 카시니가 작성한 표에는 석연치 못한 점이 있었다. 간혹 수정도 필요했다. 지구와 목성의 상대적 위치에 따라 지구와 목성 간 거리가 끊임없이 변하므로 측정치에 계속 차이가 생겼기 때문이다.

1년 중 몇 달 동안은 지구에서 목성을 볼 수 없다. 목성이 태양 뒤에 가려져 있거나 태양 빛이 너무 밝아서 관측을 할 수 없는 까닭이다. 목성을 관측할 수 있을 때는 지구에서 목성까지 거리가 너무 멀다(45쪽 그림의 거리 A). 한편 지구도 일정한 궤도에 따라 공전 운동을 한다. 지구는 목성에 점점 가까워지다가 가장 가까운 지점(45쪽 그림의 거리 B)에 도달한 후에는 다시 목성에서 점점 멀어진다.

목성이 태양을 지나 잠시 모습을 드러낼 때와 지구와 가장 가까운 위치에 도달했을 때, 곧 목성이 지구로부터 가장 멀리 있을 때와 가장 가까이 있을 때 이오가 뜨는 시각의 차이는 11분이었다. 그러니까 이 차이만큼 빛이 이동하는 데 걸리는 시간, 즉 A와 B의 차이는 11분이었다.

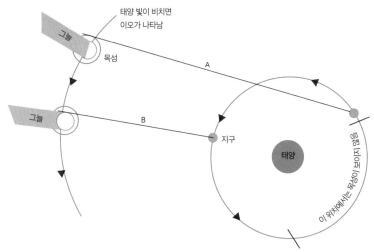

뢰머는 지구에서 태양 사이 거리를 정확하게 측정한 값이 없었지만 가장 근접한 근삿값으로 빛이 11분 동안 얼마나 멀리까지 이동했는지 계산했을 것이다. 이렇게 측정한 빛의 속력은 초속 214,000킬로미터다. 현재 공식적으로 인정되는 빛의 속력은 이보다 25퍼센트 가량 빠르다(초속 299,792.458킬로미터). 뢰머는 이렇게 세계 최초로 빛의 속력을 측정했다. 이는 당시의 과학 수준과 열악한 관측 환경을 감안하면 감탄을 자아낼 정도로 현재의 측정값과 근사한 수치다.

**우주 공간에서
경도 찾기**

## 명석한 예측

1676년 뢰머는 카시니의 표에 제시된 시각보다 10분 늦게 이오가 뜰 것이라 예측했고 그의 예측은 적중했다. 그럼에도 카시니가 뢰머의 추론을 인정하지 않았던 탓에 뢰머는 자신의 연구 결과를 공식적으로 발표할 수 없었다. 그러나 영국에 방문했을 때 뢰머는 뉴턴과 에드먼드 핼리가 자신의 추론에 동의하고 지지한다는 사실을 확인했다. 이후 뢰머는 코펜하겐으로 돌아가 왕립천문대 대장과 천문학자로 활동했다.

**1687**
연구

**연구자:**
아이작 뉴턴

**연구 분야:**
역학

**결론:**
물체는 힘이 작용하지 않은 상태에서 등속직선운동을 한다.

# '나무에서 떨어진 사과' 이야기는 실화일까?

## 운동 법칙

뉴턴은 영국 링컨셔에서 태어났다. 1665년 흑사병이 창궐하여 케임브리지대학교에 휴교령이 내려지자 그는 고향인 링컨셔로 돌아갔다. 혼자 있기를 좋아했던 뉴턴에게는 기회였다. 이 18개월의 기간 동안 당대 최고라고 인정받던 과학 이론의 대부분을 완성했으니 말이다.

뉴턴의 집 앞에는 아주 오래된 사과나무가 있었다. 뉴턴이 이 나무에서 떨어지는 사과를 보고 어떤 힘이 나무로부터 사과를 끌어당긴다는 생각을 떠올렸다는 일화는 유명하다. 당시 뉴턴의 머릿속에서는 생각이 꼬리에 꼬리를 물고 이어졌을 것이다. 사과를 끌어당기는 이 힘은 땅에서 나무 위까지 뻗어 있고 위로 올라갈수록 약해진다. 그렇다면 이 힘이 달까지 닿긴 할까? 만일 그렇다면 이 힘은 달의 궤도에도 영향을 줄 것이다. 실제로 이 힘이 달의 궤도에 영향을 주고 있지는 않을까?

나무에서 사과가 떨어질 때 뉴턴은 어머니의 부동산 권리증서를 손에 쥐고 있다가, 갑자기 섬광처럼 아이디어가 떠올라 그 뒷면에 계산을 했던 것 같다. 그는 물체가 높은 곳에 있을수록 인력이 약해진다는 사실을 깨닫고, 인력이 물체와 지구 사이 거리의 제곱에 반비례할 것이라 추측했다. "이 정도면 정답에 가까운 것 같군." 그는 자신의 계산 결과를 보며 이렇게 중얼거렸다. 그리고 이 추측을 확장시켜 이러한 종류의 인력이 다른 궤도의 운동에도 영향을 끼칠 것이라 생각하고 이 힘을 '만유인력'이라 했다.

그 후로 20년 가까이 만유인력에 관련된 이야기는 전혀 등장하지 않았다.

## 케임브리지를 방문하다

에드먼드 핼리는 뉴턴의 몇 안 되는 친구 중 한 명이었다. 1684년, 그는 혜성의 경로에 관한 문제로 뉴턴을 만나기 위해 케임브리지를 찾았다. 그는 뉴턴에게 혜성의 궤도가 어떤 모양일지 물었다. 물론 물리량의 크기는 거리의 제곱에 반비례한다는 역제곱 법칙을 염두에 두고 한 질문이었다. 뉴턴은 단번에 타원이라고 대답했다.

그해 11월 뉴턴은 역제곱 법칙의 영향을 다룬 「물체의 궤도 운동에 대하여」라는 논문을 발표했다. 그리고 1687년에 그는 드디어 필생의 역작인 『자연철학의 수학적 원리』를 발표하는데, 이 책이 다름 아닌 『프린키피아』다. 그는 이 책에서 역제곱의 법칙과 만유인력의 개념 외에도 우리가 뉴턴의 운동법칙으로 알고 있는 법칙들을 전부 다뤘다. 물론 역제곱의 법칙과 만유인력이라는 개념은 당시에 이미 잘 알려진 상태였다. 『프린키피아』는 지금도 고전 역학의 초석을 다진 작품으로 인정받고 있다.

## 사과에 얽힌 이야기

윌리엄 스터클리는 역사학자이자 고고학자였다. 스터클리는 1726년 4월 15일의 일을 다음과 같이 생생하게 기록하고 있다.

그날 나는 아이작 뉴턴 경을 방문하여 종일 그와 함께 시간을 보냈다. 날이 좋아서 우리는 저녁 식사 후 정원의 사과나무 밑에 앉아 차를 마셨다. 아마 타이밍이 딱 맞아떨어졌던 것 같다. 그는 바로 이 사과나무에서 사과가 떨어지는 모습을 보며 중력이라는 개념을 처음 떠올렸다고 했다. 사과는 왜 항상 땅에 수직 방향으로 떨어질까? 왜 위로, 옆으로, 비스듬히 떨어지지 않는 걸까?

스터클리는 이 일화에 대해 다음과 같이 쓰고 있다. "뉴턴의 머릿속에서 이런 질문들이 맴돌았다. 그는 골똘히 생각하다가 물질에는 이러한 보편적인 힘의 방식과 법칙이 존재한다는 사실을 발견했다. 그리고 이 개념을 천체의 운동과 물질의 응집력에 적용할 수 있다는 사실을 깨닫고 이를 바탕으로 우주에 대한 고유의 철학을 정립했다."

한편 뉴턴의 조수였던 존 콘듀이트는 1727년 뉴턴의 자서전에 사과에 얽힌 이야기를 이렇게 쓰고 있다. "1666년 뉴턴은 케임브리지 대학교를 잠시 떠나 링컨셔의 어머니 댁에 가 있었다. 그날 그는 사색에 잠겨 정원을 거닐고 있었다. 그러다가 (나무에 달린 사과를 땅에서 끌어들인다는) 중력은 지구로부터 일정한 거리까지만 작용하는 것이 아니라, 우리가 보편적으로 생각하는 것보다 훨씬 먼 거리까지 영향을 준다는 아이디어를 떠올리게 됐다."

그런데 뉴턴이 두 사람에게 이런 얘기를 한 시점은 사과가 떨어지는 사건이 있고 60년이 지난 후였다. 그렇다면 뉴턴이 단순히 꾸며낸 얘기일 가능성도 충분히 있다.


## 뉴턴은 왜 사과 이야기를 꾸며낸 걸까?

1682년까지 뉴턴의 편지들을 보면, 뉴턴은 행성이 거대한 소용돌이에 이끌려 태양 주위를 돌고 있으며 이 모습이 마치 배수구에 빨려 들어가는 물과 같다고 생각하고 있었다. 사실 처음 이 주장을 한 사람은 데카르트였다. 그런데 1682년에 이 주장을 완전히 뒤집는 사건이 있었다. 핼리 혜성이 발견된 것이다. 핼리 혜성은 다른 행성들과 정반대 방향으로 움직이고 있었다. 그러나 훅은 1674년 중력에 관한 글에서 자신이 이 문제를 수학적으로 접근하여 풀었다고 밝혔다. 뉴턴은 훅이 자기를 이겼다는 사실을 절대 인정할 수 없었다. 자존심이 잔뜩 상한 뉴턴은 이 일이 생긴 지 한참 후에 자신이 1666년에 훅보다 먼저 이 문제를 풀었다는 사실을 확인시켜주기 위해 사과 이야기를 지어냈을 가능성도 있다.

# 얼음은 뜨겁다?

## 전기유도체의 속성

**1760**
**연구**

**연구자:**
조지프 블랙

**연구 분야:**
열역학

**결론:**
얼음을 물로, 물을 수증기로 변환시키려면 열이 필요하다.

조지프 블랙(Joseph Black)은 원래 스코틀랜드 혈통이었지만, 와인 상인이었던 아버지를 둔 덕에 프랑스 남부 지역에서 태어났다. 이후 벨파스트에서 학교를 다니다가 영국의 명문인 글래스고대학교에 진학하여 과학과 의학을 전공했다. 1750년대 초에 그는 박사학위 논문을 쓰던 중 처음으로 순수한 기체 '고정 공기'를 분리하는데, 이 기체가 바로 이산화탄소다.

## 융설

1755년과 1756년의 겨울은 유난히 추웠다. 블랙은 이 추운 겨울을 이겨내고 1757년에 드디어 글래스고대학교의 정교수가 되었다. 이때부터 그는 얼음과 눈이 녹는 현상에 궁금증을 품어왔고 이를 강의 주제로 다루었다.

> 얼음과 눈이 녹는 모습을 자세히 살펴보면 … 처음의 온도가 아무리 낮았다고 해도 녹는점, 곧 표면이 물로 변할 때까지는 온도가 계속 올라간다. 그리고 만일 … 얼음과 눈이 완전히 물로 변하는 데 극소량의 열만 필요하다면 눈과 얼음 덩어리는 몇 초 만에 다 녹아버려야 한다. … 실제로 그렇다면 지금보다 급류와 침수 문제가 훨씬 심각해져 끔찍한 일이 벌어질 것이다.

그런데 눈과 얼음은 몇 주, 심지어 몇 달 동안 녹지 않을 때도 있었다. 그래서 블랙은 눈과 얼음이 쉽게 녹지 않는다는 결론을 내렸다. 왜 그럴까? 그는 이 현상에 대해 "열은 분산이 될 때까지 계속 주변의 뜨거운 물체에서 차가운 물체로 발산된다. 이는 굳이 온도계가 없어도 주변에서 쉽게 관찰할 수 있는 현상이다. … 열은 이렇게 평형 상태를 유지한다"고 설명했다.

그는 온도계를 이용해서도 이 현상을 증명해보였다. 첫 번째 실험에서 그는 찬물 0.5킬로그램에 뜨거운 물 0.5킬로그램을 부었다. 찬물과 뜨거운 물이 섞인 후의 온도는 중간 정도였다.

이번에는 얼음으로 실험을 했다. 모양과 크기가 같은 플라스크 두 개에 물을 채웠다. 플라스크 A는 어는점인 화씨 32도(섭씨 0도)까지, 플라스크 B는 화씨 32도보다 살짝 낮은 온도까지 냉각시켰다. 그리고 두 개의 플라스크를 증류실에 둔 다음 방의 온도가 올라갈 때까지 기다렸다. 얼음이 녹기까지 플라스크 A는 1시간, 플라스크 B는 10시간 이상이 걸렸다. 얼음이 물로 변하려면 '녹는점'에 도달할 수 있는 열이 필요하다는 것이 확인된 셈이다.

## 잠열

블랙은 이 열을 손으로 느끼고 측정할 수 있다고 하여 '지각할 수 있는 열'이라고 했다. 한편 얼음을 녹이려면 추가로 열이 필요한데, 이 열은 숨겨져 있기 때문에 '잠열'이라고 표현했다.

블랙은 이 이론이 맞는지 확인하기 위해 세 번째 실험을 했다. 그는 플라스크를 두 개 더 가져왔다. 이번에는 물과 알코올 혼합물로 각각 플라스크 C와 D를 채웠다. 그리고 두 플라스크에 온도계를 꽂은 다음, 저녁이 되어 기온이 떨어지자 바깥에 내놓았다. 플라스크의 온도는 서서히 떨어지다가 화씨 32도에서 멈췄다. 플라스크 C의 온도계 주변에 얼음이 형성되는 동안 온도는 화씨 32도로 유지됐다. 그러나 플라스크 D의 혼합물은 아직 얼지 않은 상태였으므로 계속 온도가 떨어지고 있었다.

## 끓는 물

블랙은 같은 방법으로 끓는 물도 관찰했다.

먼저 물이 있는 냄비에 온도계를 꽂고, 뜨거운 스토브 위에 냄비를 올려놓자. 물의 온도는 화씨 212도(섭씨 100도)가 될 때까지 서서히 올라가다가, 물이 끓기 시작하면 더 이상 올라가지 않는다. 뜨거운 스토브에 열을 더 가하면 온도는 빨리 올라가지만, 끓는점에 도달한 후에는 그 상태로 유지된다.

물이 끓으려면 열을 빼앗아 와야 한다. 액체 상태에서 벗어나 수증기로 변하려면 물 분자에 에너지가 필요한데, 이때 열이 필요한 것이다. 이것도 잠열이라고 한다. 즉 수증기의 잠열이다.

## 제임스 와트와 분리 응축기

블랙의 잠열 발견은 친구인 제임스 와트의 연구에 박차를 가했음에 틀림없다. 1765년 제임스 와트는 분리 응축기를 발명하여 증기기관의 효율에 변혁을 일으켰다.

1766년 블랙은 에든버러대학교로 자리를 옮겼다. 그곳에서 그의 수업을 듣는 학생 대부분이 위스키 증류업자의 자제였다. 위스키를 증류시키려면 열이 많이 필요했고 그만큼 연료도 많이 들어갔다. 학생들은 블랙에게 왜 그렇게 많은 열이 필요한지 물었다. 블랙은 잠열 때문이라고 간단하게 답했다. 위스키를 제조하려면 액체를 기체로 변환시켰다가 이 기체를 냉각시키는 증류 과정을 거쳐야 한다. 이때 필요한 에너지가 바로 잠열이다.

# CHAPTER 3: 과학의 눈부신 발전과 영역 확장: 1761~1850년

18세기는 과학자들에게 무궁무진한 도전의 시대였다. 뉴턴 시대에는 지구의 질량을 측정한다는 건 감히 상상조차 하지 못했다. 그런데 18세기에 들어 지구의 질량을 측정하는 두 가지 방법이 등장했다. 하나는 우여곡절 끝에 지구의 질량을 측정한 천문학자가, 다른 하나는 은둔형 천재학자가 내놓은 방법이었다.

한편 전지의 발명으로 새로운 과학의 시대가 열리면서 현재 우리가 일상생활에서 사용하는 장치들의 발명이 줄을 이었다. 전기와 자기의 연관성이 밝혀지면서 마이클 패러데이를 비롯한 여러 학자들이 이 연구 대열에 합류했고, 이는 전동기, 변환기, 전자기, 발전기를 발명하는 계기가 되었다.

# 1774
## 연구

**연구자:**
네빌 매스켈라인

**연구 분야:**
중력

**결론:**
지구 내부는 텅 빈 상태가 아니라 금속핵으로 채워져 있다.

# 지구의 질량을 측정할 수 있을까?

### 산을 이용한 대담한 실험

1687년 아이작 뉴턴은 『프린키피아』에서 다림추(줄에 달린 추)는 항상 지구의 중심에 수직인 상태로 매달려 있다고 했다. 인근에 산이 있어서 그 산의 질량에 해당되는 중력이 작용해 다림추가 옆으로 당겨지는 경우가 아니라면 말이다. 뉴턴은 이 현상을 '산의 끌어당기는 힘'이라고 했다. 그러나 이 힘이 실제로 너무 작아서 측정하기 어렵다는 것이 문제였다.

## 산의 인력을 측정하다

그로부터 80년이 지났다. 왕립천문대 소속 천문학자인 네빌 매스켈라인(Nevil Maskelyne)에게 아이디어가 하나 떠올랐다. 그는 누군가가 산의 옆에 다림추를 걸어놓고 옆에서 당기는 힘이 어느 정도인지 관측할 수 있다면 산의 질량을 예측할 수 있을 뿐 아니라, 이 결과를 이용해 지구의 질량을 구하는 것도 가능하리라 생각했다. 그가 이 연구에 특별한 의미를 부여했던 이유는, 지구의 질량을 구할 수 있다면 달과 태양을 비롯한 다른 행성의 질량도 구할 수 있을 것이라 생각했기 때문이다. 이러한 까닭에 그는 1772년 왕립학회에 제안서를 제출했다. 매스켈라인의 제안을 수락한 왕립학회는 찰스 메이슨이라는 조사관을 파송했고, 그는 실험을 하기에 가장 적합한 산을 찾았다. 퍼스에서 북쪽 방향으로 72킬로미터 떨어진 곳에 있는 시할리온이라는 산이었다.

## 관측 여행을 떠나다

답사에서 돌아온 메이슨이 돌연 실험에 참여하지 않겠다는 의사를 밝히면서 매스켈라인은 직접 관측 여행을 떠나야 할 상황에 몰렸다. 왕립천문대 소속 학자였던 그는 왕에게 임시 승인을 받은 뒤 배를 타고 퍼스로 떠났다. 퍼스에 도착하고 나서는 말로 갈아타고 스코틀랜드 하일랜드의 산악지대까지 갔다.

## 과연 산에서는 무슨 일이…

시할리온은 동서 방향으로 길게 늘어져 있으며 높이가 1,083미터인 길쭉하고 좁은 모양의 산이었다. 매스켈라인은 산의 남쪽에서 중간 높이쯤에 연구기지를 마련했다. 그는 간이숙소(작은 오두막집), 커다란 텐트, 정밀한 진자시계, 왕립천문대에서 빌려온 3미터 길이의 망원경을 가지고 있었다. 먼저 그는 머리 위에 있는 별을 관찰하여 자신의 정확한 위치를 계산할 계획이었다. 운이 나쁘게도 두 달 내내 옅은 안개가 끼고 비가 와서 별을 관측할 수 없었다. 그는 자신의 정확한 위치를 계산하는 데만 몇 달이 걸렸다.

이후 그는 산의 북쪽 면으로 넘어갔다. 여기까지 가는 데 또 일주일이 걸렸다. 도착한 다음에는 자신의 위치를 정확하게 파악하는 작업을 다시 시작했다. 그동안 관측팀은 허술한 텐트에서 지내며 (길이를 측정하기 위한) 체인, (고도를 측정하기 위한) 기압계, (각도를 측정하기 위한) 세오돌라이트, 기타 측정 장비를 가지고 산 주변에 탐사 여행을 다녔다. 관측팀 조사관들은 수천 곳이 넘는 위치에서 각도와 고도를 기록하고 매스켈라인의 두 연구기지 사이의 거리를 계산했다.

## 관측 결과의 편차

매스켈라인은 머리 위에 뜬 별과 다림추를 이용하여 두 연구기지의 정확한 위치를 계산한 다음, 이 두 수치를 이용해 연구기지 사이의 거리를 계산했다. 그런데 그의 측정치와 관측팀의 측정치는 436미터 가량의 편차가 있었다. 그가 관측에 사용했던 수직선이 산의 인력 때문에 뒤틀려 있었기 때문이다. 그가 예상했던 것보다는 적은 편차였다. 이 사실에 비춰볼 때 그는 지구의 평균 밀도가 산의 평균 밀도보다 훨씬 크다는 사실을 미루어 짐작할 수 있었다. 매스켈라인은 지구 내부에 틀림없이 금속핵이 있다고 주장했고, 그로 인해 지구의 내부는 테니스공처럼 텅 빈 상태라는 기존의 이론이 묻혀버렸다.

이제 그가 할 일은 산의 질량을 구하는 것이었다. 그는 산의 밀도, 즉 부피를 질량으로 나눈 값을 예측할 수 있었다. 이제 질량을 구하려면 산의 부피를 알고 있어야 했다.


## 부피를 측정하다

그는 수학자인 친구의 도움을 받아 산의 부피를 구할 수 있었다. 수학자 찰스 허튼은 조사관들의 측정 자료를 모두 이용하여 3차원 모형을 만들어서 산의 부피를 구했다. 그는 관측 보고서에 기발한 방법, 즉 높이가 같은 지점들을 흐릿한 선으로 연결하여 3차원 입체 모형을 사용했다고 기록했다. 사실 그는 등고선을 발명한 것이었다.

이제 산의 부피를 알고 있으므로 매스켈라인과 허튼은 질량을 구할 수 있었다. 이렇게 두 사람이 구한 지구의 질량은 $5 \times 10^{21}$톤이었다. 17세기에 뉴턴은 약 $6 \times 10^{21}$톤일 것이라고 추측했는데, 사실 뉴턴의 추정치가 매스켈라인이 구한 값보다 실제 지구 질량에 더 근사하다. 매스켈라인이 측정한 지구의 질량은 실제 질량과 상당한 오차가 있으나, 새로운 것에 도전하고자 하는 용기와 세계 최초로 질량을 구했다는 점은 높이 평가받아야 할 것이다.

# 산을 이용하지 않고
# 지구의 질량을 측정할 수 있을까?

### 지구의 질량을 측정하는 또 다른 방법

## 1798
## 연구

**연구자:**
헨리 캐번디시

**연구 분야:**
지구과학

**결론:**
지구의 질량은 6×10²¹톤이다.

존 미첼은 케임브리지대학교의 지질학과 교수가 된 후에 대수학, 기하학, 신학, 철학, 히브리어, 그리스어를 강의했다. 그러나 37세에 교수직에 사표를 내던지고 요크셔 주의 손힐에 자리한 '세인트 미카엘&올 에인절스(St. Michael and All Angels)'의 교구 목사로 부임했다. 아마 벌이도 더 괜찮고 연구할 시간이 많기 때문에 내린 결정이었다고 추측된다.

그는 1784년에 최초로 블랙홀이라는 개념을 제시하고 왕립학회에 제출했다. 이외에도 그는 지구의 질량을 측정하는 장치를 고안하고 만들었다. 물론 실제로 이 장치로 실험을 하지는 않았지만 말이다. 유능한 인재였던 그는 1793년 세상을 떠나면서 자신이 해왔던 연구를 친구인 헨리 캐번디시(Henry Cavendish)에게 넘겼다.

헨리 캐번디시는 독특한 사람이었다. 요즘 사람들이 그를 본다면 아스퍼거 증후군이라고 할 것이다. 두 공작의 손자로 태어난 그는 영국 런던의 클래펌 커먼에 있는 저택에 개인 실험실을 갖고 있을 정도로 엄청난 부자였다. 그는 많이 배운 사람 중에서 가장 부자, 부자 중에서 가장 많이 배운 사람이었다.

### 말없는 천재

캐번디시는 늘 쭈글쭈글한 자줏빛 양복을 입고 검정 삼각 모자를 쓰고 다녔다. 극도로 소심한 성격 탓에 그는 사람들을 피했

다. 그나마 말을 할 때도 짹짹거리는 톤에 머뭇거리는 듯한 말투였다. 그래서인지 말을 하는 일도 거의 없었다. 그의 동료 중 한 사람은, 그가 침묵을 강조하는 트라피스트회 수도사보다 더 말수가 없다고 할 정도였다. 심지어 왕립학회 회의에 나가서도 조용히 자리만 지키다가 왔다.

이렇게 내성적이었던 그가 결국 큰일을 해냈다. 1766년, 수소 가스를 분리하는 데 성공한 것이다. 이는 역사상 두 번째로 분리된 순수 가스였다. 그는 수소 가스가 아주 가볍고 가연성이 뛰어나다는 것을 알아냈다. 또한 공기와 수소의 혼합물을 폭발시키면 생성물이 물밖에 없으며, 물의 분자식이 $H_2O$라는 사실을 증명했다. 물론 이 연구 결과는 그가 와트에게 말한 것인데, 1783년 와트가 이 내용을 공식적으로 발표했다.

## 지구의 질량을 재다

캐번디시는 미첼이 고안한 장치를 설치하고 지구의 질량을 측정할 준비를 했다. 20년 전 매스켈라인이 구했던 지구의 질량이 의심스러웠기 때문에 직접 확인해볼 작정이었다. 산의 인력을 이용했던 매스켈라인의 방식은 상당히 번거로웠다. 반면 캐번디시의 실험은 아주 단순하고 훨씬 진보한 방식이었다. 그는 산 대신에 납으로 된 공을 사용했다.

59쪽에서 볼 수 있듯이 1.8미터의 나무 막대기에 길고 짧은 철사가 평행하게 달려 있다. 철사의 양끝에는 직경이 5센티미터이고 질량이 0.73킬로그램인 납공이 달려 있다. 그리고 이 공들의 반시계 방향으로 약 23센티미터 떨어진 위치에는, 직경이 12센티미터이고 질량이 159킬로그램인 커다란 납공이 달려 있다.

큰 공에서 생기는 인력은 작은 공에도 작용을 하므로, 이 작은 공들이 아주 작은 양의 힘으로 당겨질 수 있다는 아이디어에서 착안한 실험이었다. 미세하게 흔들리는 철사를 돌리는 힘이 공 사이에 존재하는 인력의 균형을 맞추는 역할을 하고, 나무 막대기는 균형이 맞춰질 때까지 계속 회전한다. 캐번디시는 작은 공의 질량을 알고 있었고, 질량을 통해 지구의 인력을 알 수 있었다. 그가 큰 공의 인력을 측정할 수 있었다면 지구와 큰 공의 질량비도 알았을 것이다.

## 민감한 장치

캐번디시는 몇 시간 동안 장치를 정지 상태로 두었다. 미세한 외풍이나 온도 변화에도 실패하기 쉬운 예민한 실험이었기 때문이다. 그래서 캐번디시는 장치를 별도의 공간에 격리시키고, 외부에서 제어하며, 유리창을 통해 망원경으로 상태를 관찰했다.

장치가 움직이지 않으면 작은 공도 정지한 상태로 있었다. 캐번디시는 이때의 위치를 기록해놓았다. 그리고 그는 작은 공의 다른 쪽 면을 돌고 있는 큰 공을 이동시켰고, 작은 공들은 다른 방향에서 당겨질 수 있었다. 작은 공이 다시 정지했을 때 그는 공이 약 4.1밀리미터만큼 이동해 있다는 사실을 알았다. 캐번디시가 측정한 결과는 놀라울 정도로 정확했다. 따라서 옆에서 당겨지는 힘도 계산할 수 있었다.

이 힘은 아주 작았다. 약 15나노그램, 즉 모래알 하나의 무게밖에 되지 않았다. 그는 자신이 측정한 데이터를 바탕으로 지구의 평균 밀도를 구했다. 이렇게 하여 지구의 평균 밀도는 물의 약 5.4배이므로, 지구의 질량은 대략 $5.97×10^{21}$톤($5.97×10^{24}$킬로그램)이라는 결과가 나왔다.

이 실험은 물리학과 전공생들이 자주 하는 실험이다. 실험 아이디어와 장치는 그의 친구인 존 미첼이 고안했지만, 실제로 이 방법으로 실험을 하여 지구의 질량을 측정한 사람은 캐번디시이므로 '캐번디시의 실험'이라 불린다.

## 캐번디시의 실험

# 1799
## 연구

**연구자:**
알레산드로 볼타

**연구 분야:**
전기학

**결론:**
전지의 발견은 새로운 과학 분야가 탄생하는 계기가 됐다.

# 전지에 포함되지 않는 것은?

## 인류 최초의 전지를 만들다

벤저민 프랭클린은 뇌운 속으로 연을 날려서 번개가 일종의 전기라는 사실을 증명했다. 그러나 이때까지 번개를 제대로 이용할 줄 아는 사람은 없었다. 과학자들은 '전기유도체'의 특성을 연구하는 데 필요한 적은 용량의 전기만 생성시킬 수 있는 수준에서만 전기를 다뤄왔다.

## 동물전기

1780년 볼로냐대학교에서 전기의 존재를 밝히기 위한 첫 번째 시도가 있었다. 이탈리아의 과학자 루이지 갈바니의 동물전기, 즉 동물은 전기에 의해 움직인다는 이론이었다.

어느 날 갈바니는 개구리를 해부하다가 우연히 개구리의 다리에 경련이 일어나는 현상을 관찰하게 됐다. 당시 개구리는 정전기 발생 장치 가까이에 있는 작업대 위에 놓여 있었다. 이상하다 여긴 그는 개구리를 놋쇠 고리에 걸어 건조시키고 개구리의 몸에 철 조각을 접촉시켜 보았다. 그러자 이미 죽은 지 오래인 개구리 다리에서 경련이 일어났다. 이런 개구리 관찰을 바탕으로 갈바니는 동물 자체에서 전기가 발생한다는 이론을 발표했다.

그동안 알레산드로 볼타(Alessandro Volta)는 전기 연구 분야에서 실력을 인정받고 파비아대학교 자연철학과(물리학과) 교수가 되었다. 그는 갈바니의 동물전기 이론에 관심을 가져왔지만 동시에 신빙성이 떨어진다고 생각했다. 그는 전기가 서로 다른 두 종류의 물질을 접촉시킬 때 생성된다고 생각하고 있었다.

## 이종 금속

볼타는 아연 조각과 은 조각을 하나씩 가져와 동전처럼 포갰다. 포개진 두 금속을 혀끝에 대보았더니 따끔했다. 여기에서 그는 기발한 아이디어를 떠올렸다. 금속에 접촉되는 부위가 많아지면 이 효과도 그만큼 강해질 테니 금속을 줄줄이 연결해보기로 한 것이다.

'아연-은-아연-은'의 순서로 연결하는 것은 도움이 되지 않았다. 이 순서로 연결하면 모든 효과가 상쇄되어 사라지기 때문이었다. 그는 전기가 통하는 물질로 연결된 접합부를 분리시키기 위해 그 사이에 다른 물질을 끼워 넣었다. 이 물질은 금속이 아닌 비전도체였다. 그는 판지에 소금물을 흡수시켰다. 그리고 '아연-은-판지-아연-은-판지-아연'의 순으로 쌓았다. '전지 더미(pile)', 즉 '전지(battery)'라는 단어는 여기서 유래했다.

볼타가 처음 만든 장치로는 고작 몇 볼트 정도의 전기만 발생시킬 수 있었다. 그러나 그 정도만으로도 그는 전기 충격을 느낄 수 있었다. 철사 조각의 끝부분끼리만 연결시켜도 스파크가 일어났다.

1799년 처음 이 현상을 발견한 볼타가 나폴레옹에게 설명했더니 그는 인상 깊다는 반응을 보였다. 이어 볼타는 1800년 3월 20일에 런던 왕립학회의 조지프 뱅크스 경에게 이 실험 내용이 상세히 적힌 장문의 편지를 보냈다.

> 나는 직경이 2.54센티미터인 작은 접시, 즉 원반을 은으로 된 것과 아연으로 된 것으로 각각 같은 개수를 준비했다. 그리고 많은

양의 소금물을 흡수하여 보존할 수 있는 판지를 가져와 동그랗게 잘랐다. 이것도 크기와 개수를 맞췄다.

## 감전으로 인한 고통

볼타의 편지에는 물이 담긴 그릇과 원통 모양 기둥의 바닥까지 두꺼운 철사로 연결하는 방법이 설명돼 있다. "이 물에 손을 넣고 금속 조각 하나와 함께 기둥 끝을 건드리면 전기가 느껴질 것이다. 손목을 깊숙이 담글수록 더 따끔할 것이다."

그는 "두 개의 탐침을 통해 귀에 전기를 흘려보내면 청각에도 심한 영향을 줄 것이다. 성질이 서로 반대인 끝부분은 장치의 양쪽 끝부분과 연결돼 있다"고 했다.

뱅크스 경은 이 편지를 공식석상에서 큰 소리로 읽었다. 놀라운 소식을 접한 다른 학자들은 앞다투어 전지를 연구하기 시작했고, 이를 계기로 직류 전기까지 만들어냈다. 이는 볼타가 전지 실험을 하기 전에는 불가능했던 일이다. 연구에 불이 붙으면서 학자들은 물질의 성질을 연구하고 도체와 절연체의 특성도 발견할 수 있게 됐다. 전기 자체의 성질 퍼텐셜(볼타의 이름을 따서 볼트라 함), 전류(암페어), 저항(옴) 등을 연구할 수도 있었다.

## 전기의 화학 반응

런던 왕립학회 연구소에서 험프리 데이비는 대형 전지를 만들어 거대한 화학 반응을 일으키는 데 사용했다. 그는 이종 금속을 포개면 거대한 화학 반응을 일으킬 수 있다는 사실을 분명히 알고 있었다. 결국 그는 전기를 이용해서 화학 반응을 일으킬 수 있다는 사실을 입증한 셈이다. 또 최초로 금속에서 나트륨과 칼륨을 분리했다.

이제 우리가 사용하는 대부분의 일상용품에 전기가 사용되고 있다. 볼타의 실험은 과학사상 가장 창의적인 연구라 할 수 있다.

# 빛의 비밀이 밝혀진다면?

## 토머스 영의 이중슬릿 실험

**1803**
**연구**

**연구자:**
토머스 영

**연구 분야:**
광학

**결론:**
빛은 파동 운동을 한다. 정말 그럴까?

아이작 뉴턴은 1672년 논문과 1704년 『광학』에서 빛의 '광선'에 대해 다루었다. 『광학』에서 뉴턴은 빛은 입자 혹은 '미립자'의 형태로 움직인다는 생각에 점점 치우치고 있다. 이것이 바로 그 유명한 '뉴턴의 빛의 미립자 이론'이다. 그런데 네덜란드 출신의 박학다식한 학자 크리스티안 하위헌스는 빛이 파동으로 이루어져 있다고 생각했다. 이후 그의 주장은 수백 년 동안 풀리지 않은 숙제로 남아 있었다.

## 입자일까 파동일까?

1800년대 초반 토머스 영(Thomas Young)은 빛의 굴절에 관한 논문을 시리즈로 발표했다. 논문에서 그는 빛을 파동 운동의 관점에서 다루며 자신의 이론을 뒷받침할 수 있는 근거도 충분히 제시하였다. 그는 약간의 차이가 있는 두 음이 소리를 낼 때에는 소리 파동의 간섭(주어진 영역 내에서 두 개 혹은 그 이상의 파동이 중첩되는 것-편집자주)이 일어나므로 리듬을 들을 수 있다는 사실을 알고 있었다. 그는 이 아이디어를 바탕으로 빛이 실제로 파동 운동을 한다면 빛의 파동으로 간섭 효과를 얻을 수 있을 것이라는 추론을 했다.

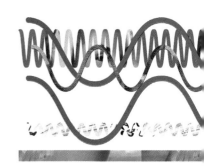

　토머스 영도 뉴턴과 유사한 실험을 했다. 먼저 그는 창문의 덧문에 작은 구멍을 내고, 그 구멍을 검은색 종이로 막은 다음에, 다시 바늘로 아주 작은 구멍을 냈다. 그리고 거울을 설치하여 구멍을 통해 들어오는 태양 광선이 방을 가로질러 벽의 반대편에 직선으로 반사될 수 있도록 했다.

나는 태양 광선을 폭이 약 0.084센티미터(1인치의 30분의 1)인 얇은 카드로 이동시킨 뒤, 다양한 간격으로 벽 또는 카드에 나타나는 그림자를 관찰했다. 그림자의 각 면에는 색의 줄무늬 외에도, 그림자가 서로 비슷한 평행 줄무늬로 분리되어 있었다.

한 장의 카드에 있는 평행한 두 개의 구멍(슬릿)을 통해 태양 광선이 비치고 그 빛이 스크린으로 떨어진다.

## 간섭무늬

만일 광선이 빛의 입자로 이루어져 있다면 좌측 하단의 사진처럼 화면에는 줄무늬가 두 개만 나타나야 한다. 그런데 실제 실험을 해보면 화면에는 여러 개의 줄무늬가 배열된다.

각 슬릿은 빛의 새로운 광원 역할을 하며 새로운 배열의 파장을 방출한다. 슬릿 A에서 나온 파장의 마루(파동에서 가장 높은 곳-편집자주)가 슬릿 B에서 나온 파장의 마루와 같은 위치에서 만나면 화면에 밝은 색의 띠가 나타난다. 그러나 슬릿 A의 마루가 슬릿 B의 마루를 통과하면 빛이 상쇄되어 화면에 어두운 색 띠가 나타난다. 그 결과 빛을 통과한 스크린에는 밝은 색 띠와 어두운 색 띠가 남는데, 이는 두 광선의 굴절과 간섭을 통해서만 나타날 수 있는 현상이다. 이것은 빛이 파장 운동을 한다는 의미이다. 영은 신중하고 철저한 실험을 거친 끝에 논리적인 추론을 제시했으나 대부분의 학자들은 이를 인정하려 하지 않았다. 위대한 과학자 뉴턴의 이론이 어떻게 틀릴 수 있단 말인가!

입자 패턴

파장 패턴

그로부터 50년 후 빛이 물속에서는 훨씬 느리게 이동한다는 사실이 밝혀졌다. 이로써 영의 추론이 옳았던 것으로 확인됐다.

스크린에 연속적으로 나타나는 밝은 색 띠 사이의 거리는 빛에 대한 파장의 함수로 나타낼 수 있다. 즉 빛이 띠는 색깔에 따라 다양하게 변한다.

지금은 빛은 파동 패킷으로 이동한다고 여기는데, 이것이 바로 광자다. 그런데 빛이 아주 적을 때 일어나는 현상을 본다면 여러분은 깜짝 놀랄 것이다. 아마 토머스 영도 이 사실은 몰랐을 것이다. 빛이 아주 적을 때 광자는 이중슬릿에서 한 번에 하나씩만 도착하도록 배열될 수 있다. 그러니까 광자는 한 번에 슬릿 하나만 통과할 수 있고 간섭 현상을 일으킬 수 있는 광자가 없으므로 광자는 직선으로 운동한다. 단일 광자는 스크린에서는 반드시 하나의 점으로 나타난다.

스크린이 카메라 센서인 경우, 긴 시간에 걸쳐 이미지가 형성되어 남아 있을 수 있으므로 여러분은 입자 패턴이 나타날 것이라 생각할지 모른다. 틀렸다. 다시 한 번 띠의 패턴이 형성된다. 우리도 모르는 사이에 이제 불가사의한 양자역학의 세계까지 들어왔다. 양자역학에 의하면 하나의 광자가 반드시 한 장소에 있어야 할 필요는 없다. 슬릿 A를 통과할 확률이 30퍼센트고 슬릿 B를 통과할 확률이 70퍼센트인 상황이 있다고 하자. 양자역학에서는 하나의 광자가 두 개의 슬릿을 통과할 수 있고 그 자체로 간섭 현상을 일으킬 수 있다고 본다.

## 파동과 입자의 이중성

쉽게 말해 광자는 파동과 입자의 성질을 모두 갖추고 있다. 그러므로 빛의 파동설이 옳다는 주장도 완전히 틀렸다고 볼 수는 없다.

1961년 전자에서도 이중성이 발견됐다. 전자에는 질량이 있으므로 분명히 입자인데 파동의 성질이 발견된 것이다.

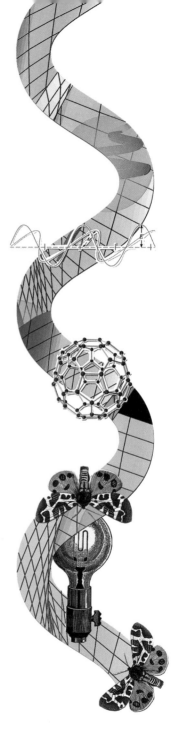

# 1820
## 연구

**연구자:**
한스 크리스티안 외르스테드,
마이클 패러데이

**연구 분야:**
전자기학

**결론:**
전기와 자기는 상호작용을
한다.

# 자석으로 전기를 만들 수 있을까?

## 전자기의 발견

전지가 발명되고 20년이 지났다. 전지는 거의 모든 과학 실험에 사용되고 있었지만 전류와 자기장의 관계를 체계적으로 연구해왔던 학자는 없었다.

1820년 4월 21일, 코펜하겐대학교 물리학과 교수인 한스 크리스티안 외르스테드(Hans Christian Øersted)는 강의 준비를 하다가 실험대에 놓여 있던 자침이 움찔거리는 모습을 봤다. 그가 전류를 공급하기 위해 전지의 전원을 켰다가 껐더니 이런 일이 벌어진 것이다.

사실 이 사건이 전기와 자기의 상호작용을 발견하게 된 결정적인 계기는 아니었다. 외르스테드는 오래전부터 전기와 자기의 관계를 밝혀내려 애쓰고 있었다. 연구 끝에 그는 전류가 전선을 통해 흐르고 있을 때 전선 주위에 슬리브 모양으로 원형 자기장이 생성된다는 사실을 확인했다. 3개월 후 그는 이 연구 결과를 주제로 하는 소논문을 발표했다.

### 파리

프랑스 과학 아카데미의 프랑수아 아라고와 앙드레마리 앙페르는 외르스테드의 연구 소식에 자극을 받고 바로 전자기 연구에 뛰어들었다. 앙페르는 병렬로 연결된 두 개의 전선에서, 같은 방향으로 전류가 흐르면 서로 밀어내고 반대 방향으로 전류가 흐르면 서로 잡아당긴다는 사실을 밝혀냈다. 그는 이 원리를 설명하기 위해 수학 이론으로 발전시켰는데, 이것이 바로 전선 사이에 존재하는 힘은 전류의 세기에 비례한다는 앙페르의 법칙이다.

## 런던

외르스테드의 전자기 연구 소식은 런던 왕립학회에도 전해졌다. 왕립학회의 험프리 데이비와 윌리엄 하이드 울러스턴도 전자기 연구에 자극을 받아 전동기를 제작했으나 작동에는 실패했다. 당시 데이비의 조수였던 마이클 패러데이(Michael Faraday)는 이후 왕립학회에서 나와 전동기의 문제점이 무엇인지 혼자 궁리하며 연구했다.

1821년 9월 초, 패러데이는 일주일 동안 자침이 전류가 흐르는 전선 가까이에 있을 때 자침의 인력과 척력에 관한 실험을 했다. 그리고 자신이 관찰한 내용을 도해로 나타냈다. 이어 그는 장난감 전동기를 만드는 데 성공하였다.

## 최초의 전동기

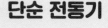

최초의 전동기는 단순한 장치였다. 전동기의 유리컵에는 수은 덩어리가 담겨 있었다. 좌측에서는 단단한 철사를 통해 전류를 흘려보냈다. 이 철사를 통해 전류가 전달되는데 철사 끝이 수은 덩어리에 닿아 있었다. 반면 자석은 유리컵 바닥을 무게중심으로 돌아가고 있어서 봉 주위에서 왔다갔다 흔들리고 있었다. 오른쪽 유리컵에는 철사가 위에서부터 헐렁하게 매달려 있고 고정 자석은 수은 덩어리 중심부에 꽂혀 있었다. 자석의 반대편에는 철사로 인해 자기장이 형성되어 있었는데, 이 자기장을 통해 전류가 생성되면 왼쪽 유리컵에서는 자석이 철사 주변을 빙글빙글 돌았고 오른쪽 유리컵에서는 철사가 자석 주변을 빙글빙글 돌았다.

패러데이는 실험에 성공하자 데이비와 울러스턴에게 한마

디 상의도 없이 자신의 첫 번째 연구 결과를 발표했다. 격분한 울러스턴은 패러데이가 자신의 아이디어를 훔쳤다며 비난했고 이후로도 그들의 의견대립은 계속 이어졌다.

1831년 페러데이는 자석이 철사의 코일을 통해 전류를 유도할 수 있다는 전자기 유도 현상을 발견한다. 그는 철로 된 링 주변을 절연 철사 코일 두 개로 감았다. 그리고 그중 한 개의 철사에 전류를 흘려 보냈더니 순간적으로 다른 철사에 전류가 유도되었다. 이외에도 패러데이는 철사 루프를 통해 자석을 이동시켜 전류를 생성시키는 법과, 정지된 자석 위에 있는 철사 루프에 자석을 이동시켜 전류를 생성시키는 법을 발견했다. 모두 자기장에 변화를 주면 전류를 생성시킬 수 있다는 사실을 증명한 실험이었다. 그러니까 역학 에너지는 전기 에너지로 전환될 수 있는 것이었다. 이는 변압기와 발전기가 작동하는 기본 원리가 되었다.

## 역선

패러데이는 학교를 제대로 다니지 못해 수학 교육을 받아본 적이 없었다. 그러나 역선을 이용한 그의 자기장 설명은 수식보다도 명쾌했다. 그는 자석 위에 종이 한 장을 놓은 뒤 종이 위에 쇳가루를 뿌렸다. 그랬더니 쇳가루는 순식간에 아치 형태를 띠었다. 공간에서 자기장이 어떻게 배열되는지 쉽게 확인할 수 있는 그림이었다.

1845년에 패러데이는 강력한 자기장이 편광판을 회전시킬 수 있다는 사실을 증명했다. 이후에도 그는 꾸준히 연구하여 일부 물질들이 자기장으로 인해 약한 반발을 하는 현상, 이른바 반자성 현상을 발견했다.

# 소리를 확장시킬 수 있을까?

### 운동은 음의 높이에 어떤 변화를 줄 수 있을까?

## 1842
## 연구

**연구자:**
크리스티안 도플러

**연구 분야:**
음향학

**결론:**
음원과의 관계에 따라 소리 파장은 압축되거나 확장된다.

크리스티안 도플러(Christian Doppler)는 오스트리아의 잘츠부르크에서 태어나 그곳에서 성장했다. 수학과 물리학을 공부한 그는 1841년, 현재 체코인 보헤미아의 프라하국립공과대학 교수직에 올랐다. 1년 후 도플러는 38세의 나이에 대표작인 「이중성(二重星) 및 그 밖의 몇 개 항성의 착색광에 관하여」라는 논문을 발표했다. 원래 독일어로 발표됐던 이 논문에서, 도플러는 빛이 파동 운동을 하며 빛의 색깔은 파동의 진동수에 따라 달라진다고 주장했다.

이어 그는 광원이나 관찰자가 움직일 때 진동수가 변하는 원리를 배에 비유해 쉽게 설명했다. 배가 바람의 방향으로 움직일 때보다 바람 속으로 들어가고 있을 때, 배는 파도 속으로 더 빨리 들어간다. 따라서 배의 운동이 파도와 교차하는 진동수에 영향을 끼친다. 그는 소리 파장과 빛 파장에 같은 원리가 적용된다고 보았던 것이다.

## 도플러 효과

구급차나 소방차와 같은 응급 차량의 사이렌 소리를 들어본 적이 있는가? 차가 가까워질수록 사이렌 소리는 점점 커진다. 그리고 차가 여러분을 지나는 순간부터 사이렌 소리는 점점 작아진다. 차가 지나간 후에도 사이렌 소리는 나지막하게 남아 있다. 왜 그럴까?

차가 여러분에게 다가오면서 소리 파장이 한 군데로 모이기 때문이다. 차가 이동하면 소리 파장이 연속적으로 나타나고 가장 높은 음(마루)이 더 많이 몰리게 된다. 따라서 차가 정지 상태에 있을 때보다 가장 높은 음이 더 많이 몰리는 것이다. 또 가장 높은 음이 가까이 몰

파장이 길면
진동수가 작다.

파장이 짧으면
진동수가 크다.

움직이는
음원에 대한
도플러 효과

려 있으면 진동수가 증가한다. 그러다가 차가 지나간 뒤에 가장 높은 음은 점점 더 멀리 방출된다. 진동수가 낮아져 소리 파장이 길어지기 때문이다.

## 쌍성

1842년 논문에서 도플러는 별의 천연색은 백색 또는 연한 노란색일 것이라 했다. 그리고 지구에 가까이 있는 별은 푸른빛을 띠고, 지구로부터 더 멀리 있는 별은 붉은빛을 띨 것이라고 주장했다.

서로 가까이 있는 두 개의 별을 쌍성이라고 한다. 쌍성들은 빠른 속도로 자기 짝의 둘레를 공전하는 경우가 흔하다. 백조자리에서 두 번째로 밝은 별인 알비레오는 가장 유명한 쌍성이다. 이 중 크기가 더 큰 별은 불그스름한 색이고 더 작은 별은 선명한 파란색이다. 이 관찰 결과를 바탕으로 도플러는 크기가 더 큰 별일수록 지구에서 점점 멀어지고, 크기가 더 작은 별일수록 지구에 점점 더 가까이 다가온다는 결론을 내렸다.

도플러에 의하면 일반적으로 두 별의 밝기가 일정하면 색깔은 부수적인 역할을 한다. 반면 두 별의 밝기가 일정하지 않으면 더 밝은 별일수록 질량이 무겁고, 더 가벼운 별이 밝은 별 주위를 돌고 있다고 했다. 알비레오의 경우, 더 큰 별은 살짝 붉은빛이 돌고 더 작은 별은 아주 푸른빛을 띤다. 이는 푸른색 별이 거의 정지 상태인 붉은색 별 주위를 돌고 있다는 뜻이다.

도플러 효과를 설명하기 위해 그는 주기변광성의 예를 들었다. 도플러에 의하면 주기변광성은 보통 때는 적외선을 방사하므로 우리 눈에 보이지 않는다. 그런데 쌍성인 주기변광성이 일정한 궤도로 우리 눈에 보이지 않는 자기 짝을 돌고 있다. 이렇게 궤도를 돌다가 어느 단계에서 속도를 높이고 스펙트럼의 흡수선이 적색 쪽으로 치우치면 평소에는 보이지 않던 별이 우리 눈에 붉은빛을 띠며 보이게 되는 것이다.

천문학자들은 별과 은하수의 상대 등급을 매길 때 도플러 효과를 이용한다. 지구에 가까운 별일수록 푸른빛을 띤다. 즉 청색편이가 나타난다. 반면 지구에서 멀어질수록 적색편이가 나타난다. 1929년 에드윈 허블은 도플러 효과, 즉 은하수의 적색편이를 이용하여 우주가 팽창하고 있다는 사실을 증명했다.

1848년에 이폴리트 피조는 도플러 효과가 전자기파에서도 나타난다는 사실을 발견했다. 이러한 이유로 프랑스에서는 '도플러-피조 효과'라고도 부른다.

## 실생활에서 도플러 효과가 적용된 사례

경찰관들은 과속 운전자를 단속할 때 레이더 건을 사용한다. 레이더 건에서 레이더 파장이 송출되면 과속 차량에서 레이더가 다시 송출된다. 레이더 건이 이때의 파장 변화를 조작자에게 알려주면 조작자는 차가 얼마나 빠른 속도로 달리고 있는지 확인할 수 있다.

의사들도 목의 동맥에 초음파를 이용하여 혈류를 측정할 때 이와 유사한 기술을 사용한다. 환자의 목에 일정한 각도로 기구를 장착시키면 혈류의 속도를 측정할 수 있다.

**연구자:**
제임스 줄

**연구 분야:**
열역학

**결론:**
적은 열을 생성시킬 때도 많은 에너지가 필요하다.

# 물을 가열하려면 얼마나 많은 에너지가 필요할까?

## 열의 성질

1798년, 호기심 많은 미국 스파이 럼퍼드 백작(미국 출신의 영국 정치가 겸 물리학자인 벤저민 톰슨-역주)이 바이에른에서 임무를 수행할 때였다. 그가 뭉툭한 드릴로 대포에 구멍을 뚫고 있는데 대포에서 엄청난 열이 발생하는 것이 아닌가. 이 관찰 결과를 바탕으로 그는 이때의 열은 모두 운동에 의해 발생했으며, 철 입자가 운동을 하듯 열도 운동을 하는 것이라고 주장했다.

안타깝게도 당시 대부분의 사람들은 열을 액체라고 여겼다. 사람들은 차가운 물질 옆에 뜨거운 물질을 올려놓으면 뜨거운 물질 속 액체의 일부가 차가운 물질로 흡수되어 차가운 물질이 따뜻해진다고 생각했다. 프랑스의 과학자 라부아지에는 이 액체를 열소(영어로 'caloric', 정확하게 말해 불어로 'calorique')라 불렀으며, 열소는 만들어질 수도 파괴될 수도 없다고 했다.

### 증기 혹은 전기?

영국 샐퍼드에서 태어난 제임스 줄(James Prescott Joule)은 아버지의 뒤를 이어 양조업자가 되었다. 전동기에 호기심을 갖고 연구하던 중 그는 1841년 "적절한 전류를 흘려서 발생시킨 열은 전류 세기의 제곱에 전류를 받는 도체의 저항을 곱한 값에 비례한다"는 사실을 발견했다. 방정식으로 나타내면 '열은 (전류)²×저항에 비례한다'이며, 이것이 소위 '줄의 제1 법칙'이다.

줄은 증기 엔진을 연구하면서 성능이 가장 우수한 코니시 엔진에 의해 생성되는 에너지양을 계산했다. 그랬더니 코니시 엔진의 에너지양은 보일러에서 생성되는 열의 10분의 1에도 못 미쳤다. 그는 코니시 엔진의 에너지 효율이 보일러 에너지 효율의 10퍼센트가 안 되며, 말 한 마리보다 효율이 떨어진다는 사실을 알아냈다.

또한 그는 몇몇 전기 실험에서 회로 부위가 가열되는 현상을 관찰했다. 열소설에 의하면 열소는 인위적으로 만들어질 수도 파괴될 수도 없다. 그러므로 열소는 회로의 가열된 부분이 아닌 다른 부위에서 생성되어야 한다. 줄은 이를 확인하고자 세심하게 온도를 측정했다. 그런데 온도가 내려간 곳이 하나도 없었다. 그는 전기가 열을 생성하는 것이 틀림없다고 생각했다.

손으로 밧줄을 너무 세게 쥐고 잡아당기면 손에 심한 화상을 입을 수 있다. 이 말은 곧 열 속에는 액체가 포함되어 있지 않고, 열은 운동에 불과하다는 의미다. 그리하여 줄은 어떤 운동으로 얼마만큼의 열을 발생시킬 수 있는지 조사해보기로 했다.

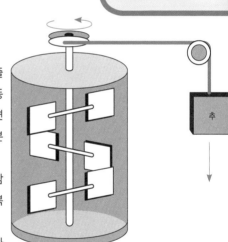

**줄의
외륜 실험**

## 외륜

줄은 외륜을 만들어 물탱크 안에 설치하고 회전축에 줄을 감은 뒤 추를 달았다. 그리고 추를 떨어뜨리는 힘을 동력으로 이용하여 바퀴를 돌렸다. 그는 추를 떨어뜨리면 바퀴가 얼마만큼의 일을 할 수 있는지 알고 있었고 1분 단위로 상승되는 온도를 체크했다.

그는 추를 11미터 높이에서 떨어뜨리고 줄을 다시 감았다가 떨어뜨리는 실험을 했다. 이 실험을 144회 반복했는데 물의 온도는 겨우 몇 도밖에 상승하지 않았다.

줄은 전기와 작은 관을 통해 힘을 가하여 물을 가열하기도 했다. 전해지는 이야기에 의하면, 줄은 프랑스 남부의 살랑슈 폭포로 신혼여행을 가서도 폭포의 꼭대기와 바닥 물의 온도 차이를 구하는 데 시간을 보냈다고 한다. 하지만 그의 노력이 무색하게도 폭포의 낙하 운동이 열을 생성시키는 데 끼치는 효과는 미미했다. 심지어 나이아가라 폭포도 꼭대기와 바닥의 온도 차이가 섭씨 0.05도밖에 차이가 나지 않는다. 줄이 총 다섯 가지 방법으로 열을 측정한 결과, 0.11킬로그램의 물을 화씨 1도만큼 올리려면 362킬로그램짜리 추 하나를 30센티미터 높이에서 떨어뜨려야 한다는 결론이 나왔다.

## 무시와 거절

줄은 1843년 영국과학진흥협회 회의에서 이 연구 결과를 발표했다. 그러나 주변의 반응은 싸늘했다. 마이클 패러데이가 줄의 이론에 관심을 갖고 "강렬한 인상을 받았다"고 했으나 그 역시 의문을 품었다. 나중에 캘빈 경이 된 윌리엄 톰슨도 처음엔 줄의 이론에 회의적인 반응을 보였다. 그러다가 신혼여행 중인 줄을 만나 그의 이론에 관해 이야기를 나눈 이후 톰슨은 생각이 완전히 바뀌었다. 1852년부터 1856년까지 줄과 톰슨은 편지로 서로의 의견을 나누며 연구를 진행한 끝에 줄-톰슨 효과를 발견했다. 줄-톰슨 효과는 밸브를 통해 압력을 가해 가스를 냉각시키는 프로세스로, 냉장고, 에어컨디셔너, 열펌프 작동의 기본 원리다.

끈질긴 연구 끝에 드디어 줄의 연구는 널리 인정받게 되었으며, 에너지의 기본 단위도 그의 이름을 따서 '줄(joule)'이라고 붙였다. 현재 열의 일당량은 1칼로리당 4.2줄이다.

줄은 흥미롭게도 이런 말을 한 적이 있다. "신이 물질에 부여한 힘이 인간의 힘으로 재창조되기보다 파괴되는 일이 많다니, 이는 정말로 모순적인 일이다."

# 빛은 물속에서 더 빠르게 이동한다?

## 반사와 굴절

**1850**
**연구**

**연구자:**
이폴리트 피조, 레옹 푸코

**연구 분야:**
광학

**결론:**
빛은 파동의 형태로 이동한다.

1676년 올레 뢰머는 빛의 속도를 측정했고, 1729년 제임스 브래들리는 '광행차'라 불리는 또 다른 천문학적 방법으로 빛의 속도를 측정했다.

1819년 9월, 이폴리트 피조(Armand Hippolyte Louis Fizeau)와 레옹 푸코(Jean Bernard Léon Foucault)는 5일 차이로 파리에서 태어났다. 친구였던 두 사람은 의대에 진학했고 사진술의 선구자인 루이 자크 다게르의 강의를 들었다. 이후 두 사람은 사진 프로세스를 함께 개발하였으나 다른 실험자와 기법에 비해 뒤지는 수준이었다.

### 지구에서 빛의 속도 측정

피조는 의대를 다니던 중 편두통이 발병하여 물리학으로 전공을 바꾸었다. 1849년 7월 피조는 파리의 부모님 댁에서 연구를 하다가, 직접 빛의 속도를 측정할 수 있는 영리한 방법을 찾아냈다. 그는 톱니가 100개 달린 톱니바퀴를 돌렸다. 그리고 톱니 사이 틈으로 광선을 비추고, 8킬로미터 떨어진 위치에 있는 거울을 이용해 이 광선을 반사시켰다. 이렇게 이동한 빛의 거리는 약 16킬로미터였다. 그는 점점 더 빠른 속도로 톱니바퀴를 회전시켰다. 이는 틈 하나를 통과한 빛이 다른 틈을 통해 반사된다는 의미였다.

**피조의 1849년 실험**

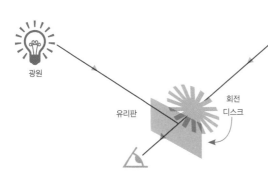

거울

광원

유리판

회전 디스크

문제는 빛이 16킬로미터 이동하는 데 1초의 1,000분의 20, 즉 50마이크로초가 걸린다는 것이었다. 따라서 틈 사이 거리가 아주 가까워야 하며, 톱니바퀴를 아주 빠른 속도로 회전시켜야 했다. 이런 어려움에도 피조는 1849년 드디어 빛의 속도를 계산해냈다. 그가 계산한 속도는 초속 313,000킬로미터였으며, 이는 실제 빛의 속도보다 약 5퍼센트 빠른 수치다.

피조의 친구인 레옹 푸코도 결국 의학 공부를 중도에 포기했다. 그는 찰스 다윈처럼 색맹이었고 자신이 피에 대한 공포를 극복하지 못하리라는 걸 알았다. 1850년 푸코와 피조는 공동 연구에 착수하여 더 영리한 방법으로 빛의 속도를 측정하는 시스템을 개발했다. 이번 실험에서는 피조의 실험 때보다 경로의 길이가 늘었다. 32킬로미터가 떨어진 각 경로에 빠른 속도로 회전하는 거울을 설치한 것이다. 그들이 빛을 내보내면 빛이 빠른 속도로 회전하는 거울로부터 반사될 수 있도록 한 구조였다.

빛이 반사되어 32킬로미터의 거리를 되돌아올 때, 거울은 약간의 각이 생긴 상태로 회전하고 있었다. 따라서 되돌아오는 광선도 광원

**피조와 푸코의 1850년 실험**

회전 거울

32Km

거울

A

광원

관찰자

으로부터 각이 약간 생긴 상태에서 반사됐다. 피조와 푸코가 각 A와 거울의 회전 속도를 이용해 계산한 빛의 속도는 초속 298,000킬로미터로, 이는 현재 빛의 속도와 1퍼센트 미만도 되지 않는 오차다.

## 물속에서의 빛의 속도

푸코는 실험에 한 단계를 더 추가했다. 이번에는 빛의 경로에 물이 통과되는 관을 끼워 넣었다. 그리하여 그는 빛이 공기보다 물속에서 더

느리게 이동한다는 사실을 증명했다.

　뉴턴은 빛이 공기보다 물속에서 더 빠르게 이동할 것이라고 했다. 물속에서 매질의 밀도가 더 높기 때문에 빛의 입자가 잘 끌어당겨진 다고 보았기 때문이다. 그런데 실제로 빛의 속도는 공기보다 물속에 서 25퍼센트 정도 느린 초속 225,000킬로미터라고 밝혀졌다. 이로 써 이제 '뉴턴의 미립자 이론이라는 관에 마지막 못을 박아야 할 일' 만 남은 것이다. 결국 토머스 영이 옳았다.

## 길이의 표준

1864년 피조는 "빛의 파장이 길이의 표준이 돼야 한 다"고 주장했다. 진공 상태에서 빛의 속도(일반적으로 c라고 표기한다)는 초속 299,792,458미터로 규정되어 있다. 그리고 미터의 정의는 빛이 1/2,997,924,58초 동안 이동한 거리다. 실제로 빛은 1나노초(10억 분의 1초)에 0.3미터 이동한다. 반면 소리는 1밀리초(1,000분의 1초)당 0.3미터 이동하므로, 소리가 빛보다 100만 배가 더 느 린 셈이다.

## 푸코의 진자

1851년 3월 2일, 푸코는 파리천문대의 천 장에 무거운 진자가 달린 체인을 늘어뜨리고 파리에서 활동하는 모 든 과학자를 초대하여 지구의 자전을 증명해 보였다. 현재 이 진자 는 팡테옹의 천장에 매달려 있다. 진자는 흔들리도록 설치되어 있 고 진자의 진동면이 변하지 않았는데도 회전하는 것처럼 보인다. 즉 지구가 자전하기 때문에 진동면이 돌아가는 것처럼 보인다는 의미 다. 이외에도 푸코의 진자는 시계처럼 사용될 수도 있어 대중의 이 목이 집중됐다.

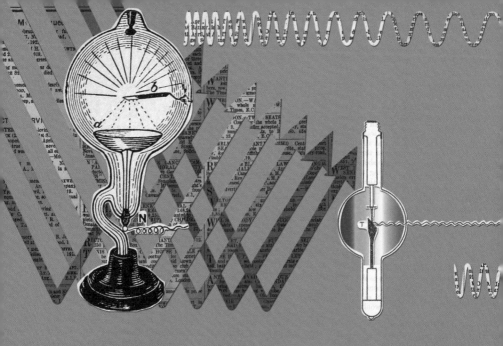

# CHAPTER 4: 빛, 광선, 원자:
## 1851~1914년

물리학과 기술은 서로 밀접한 관련이 있다. 새로운 이론이 발표되면 신기술 개발로 이어지고, 이와 더불어 실험과 연구의 새 장이 열린다. 17세기 토리첼리의 진공 발견은 공기펌프 발명으로 이어졌고, 공기 펌프의 발명으로 보일을 비롯한 다른 학자들은 진공, 적어도 저기압 상태에서 공기의 특성을 연구할 수 있었다. 1865년 헤르만 슈프렝 겔은 수은펌프를 발명했다. 그리고 이는 음극선, 엑스선, 전자를 발견하는 계기가 되었다.

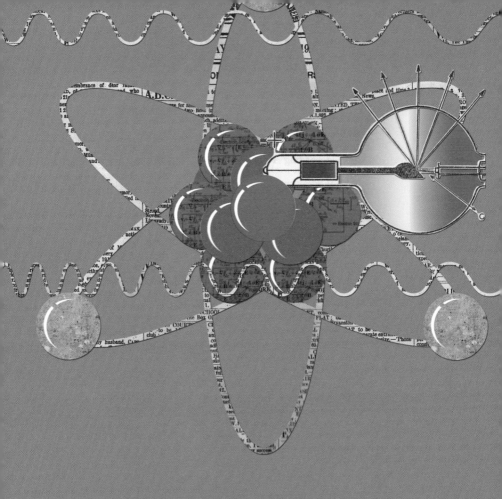

엑스선의 발명은 방사능의 발견에 불을 붙였다. 마리 퀴리의 탁월한 연구 덕분에 러더퍼드는 방사능 생성물을 분석할 수 있었고, 생성물에 알파선, 베타선, 감마선이라는 이름을 붙였다. 알파선은 두툼한 입자, 즉 헬륨 원소의 핵이라는 사실이 밝혀졌다. 러더퍼드는 이 헬륨 원소의 핵을 원자의 구조를 연구하기 위한 무기로 삼았다. 베타선과 음극선은 전자라는 사실이 밝혀졌다. 한편 감마선은 전자기 스펙트럼의 파장 중 가장 강력한 것으로 알려져 있다.

**연구자:**
앨버트 마이컬슨,
에드워드 몰리

**연구 분야:**
우주론

**결론:**
'에테르'는 존재하지 않는다.

# 에테르란 무엇인가?

### 지구의 상대 운동과 발광성 에테르

바다의 파도는 물속에서, 소리 파장은 공기(혹은 물) 속에서 이동한다. 그렇다면 빛도 무엇인가의 속에서 이동을 할 것이다. 1880년대까지 과학자들은 이런 사고를 지녔고 이 '무엇인가'를 '발광성 에테르'라고 했다(여기서 '발광성'은 '빛을 지니고 있는'이라는 의미다). 이들은 토리첼리와 보일이 증명했듯이 빛은 진공 상태에서도 이동하며, 우리가 달, 태양, 별을 볼 수 있는 이유를 빛이 우주 공간에서도 이동하고 있기 때문이라고 생각했다. 따라서 우주 공간과 지구의 진공 상태에 에테르라는 물질에 스며들어 있다고 보았다. 그리고 에테르라는 물질은 완전히 투명하고 행성이나 달의 운동에 마찰저항이 없는 것으로 간주됐다. 정말 에테르라는 물질이 존재할까? 지구는 초속 약 30킬로미터의 속도로 공전하고 있으며 자전축이 있다. 그렇다면 에테르는 우주를 기준으로 할 때 정지 상태에 있든지, 태양을 기준으로 할 때 정지 상태에 있든지, 아니면 우주 공간 속에서 항상 움직이고 있다는 얘기다. 따라서 에테르는 지구 표면의 어떤 특정한 지점을 기준으로 상대적으로 빠른 속도로 운동해야 한다. 이 궁금증을 풀기 위해 앨버트 마이컬슨(Albert Abraham Michelson)과 에드워드 몰리(Edward Williams Morley)는 '지구의 상대 운동과 발광성 에테르'를 연구하기 시작했다.

에테르

## 최초의 실험

1881년 마이컬슨은 독일 베를린에서 첫 번째 실험을 했다. 그러나 새벽 2시에도 차량으로 인한 진동 때문에 측정이 쉽지 않았다. 측정 장치의 감도도 뛰어나지 않았다. 어쨌든 그는 이 방법으로 실험이 가능하다는 사실을 입증했고 간섭계를 발명했다. 마이컬슨은 1887년, 미국 오하이오의 클리블랜드에 있는 지금의 케이스웨스턴리저브대학교에서 실시할 몰리와의 협력 실험을 위해 간섭계를 완성했다.

## 간섭계

오일 램프의 빛(광원)은 반투명 은거울에 초점이 맞춰져 있기 때문에 빛은 거울 1과 거울 2의 두 방향으로 나뉘어 튀어나갔다. 거울 1, 2는 빛이 연속적으로 전달되도록 배열되어 있었다. 이 거울들의 앞뒤로 광선들이 튀어나왔고, 각 광선들이 반투명 은거울로 되돌아갈 때까지 경로의 길이가 11미터였다. 그렇게 광선이 다시 반투명 은거울에 도달했을 때, 절반으로 나뉘어 보내졌던 광선들이 망원경에 함께 도달하여 망원경에서는 간섭무늬가 형성됐다.

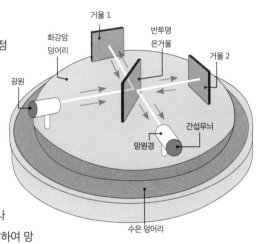

그러나 마차가 지나가거나 천둥이 칠 때 발생하는 진동 문제는 여전히 해결되지 않은 상태였다. 그래서 장치 전체를 3톤이나 되는 무거운 돌덩어리로 고정해야 했다. 이 화강암 덩어리는 수은 덩어리 위에 떠 있었기 때문에 마이컬슨과 몰리는 장치를 살살 밀면서 천천히 360도 회전을 시킬 수 있었다. 에테르 장치(당시에는 그렇게 불렸다)가 회전하고 있는 방향의 어느 지점에 위치하고 어떤 방향으로 움직이고 있든 간에, 광선 중 하나는 에테르의 운동 방향에 평행하게 도달하고, 다른 하나는 90도 각도로 도달했다. 두 사람은 이렇게 하면 광선의 빛이 도달할 때의 시간 차이를 알 수 있을 것이라 생각했다. 광선이 간섭무늬가 형성되는 옆부분에 도달할 것이기 때문이다.

　두 사람은 먼저 광선 A와 B가 서로 수직을 이루며 이동하도록 만들었다. 두 광선이 왕복 운동을 한다고 할 때, 에테르가 흐르는 방향을 가로질러 직각으로 이동하는 광선 A가, 에테르가 흐르는 방향에 평행하게 이동하는 B보다 운동 시간이 조금 걸릴 수밖에 없다. 강을 가로질러서 헤엄쳐 돌아올 때가, 강 아래까지 쭉 헤엄쳐 내려갔다가 다시 위로 돌아올 때보다 시간이 훨씬 적게 걸리는 것과 같은 이치다.

　1887년 8월 7일 정오, 마이컬슨과 몰리는 장치 주변에 여섯 개의 원을 설치하고 장치를 계속 움직였다. 한 번에 16분의 1바퀴씩 (22.5도) 돌리면서 그때마다 나타나는 간섭무늬를 관찰하기 위해서였다. 그리고 이들은 그날 오후 6시에 같은 실험을 반복했다. 이후 이틀 동안 정오와 저녁에 같은 실험을 반복했다. 이들은 각 원이 회전하는 동안 네 지점에서 간섭무늬가 옆으로, 그러니까 처음에는 왼쪽으로 이동했다가 다음에는 오른쪽으로 이동할 것이라고 예상했다. 따라서 왼쪽-오른쪽 운동 패턴을 얻을 수 있으리라 예상했다. 이들이 측정했던 패턴의 최대값과 최소값의 차이는 최소한 20배가 되어야 했다.

## 세계에서 가장 유명한 '실패한' 실험

그런데 마이컬슨과 몰리는 어떤 운동도 관찰하지 못했다. 그리고 마이컬슨은 레일리 경에게 다음과 같은 편지를 썼다. "지구의 상대운동과 에테르 실험은 끝났지만 결과는 아주 부정적입니다." 이 말은 지구의 표면에서 에테르가 이동하고 있지 않다는 의미였을까? 에테르는 무질서한 나무와 건물에 뒤섞인 채 느릿느릿 이동하고 있었을지도 모른다. 연구자들은 "심지어 해수면 위로부터 적당하게 떨어진 거리와 고립된 산꼭대기의 정상에서도 상대 운동을 감지하는 것은 불가능한 일이 아니다"라고 했었다.

# 엑스선은 어떻게
# 발견하게 됐을까?

## 해골을 보다

## 1895
## 연구

**연구자:**
빌헬름 뢴트겐, 앙리 베크렐

**연구 분야:**
전자기 스펙트럼과 방사능

**결론:**
전자기 방사선의 종류는 다양하며 중원자는 불안정하다.

공기펌프는 이미 17세기에 발명됐지만, 19세기에 들어오면서 더 강력한 성능을 갖춘 펌프가 속속들이 등장하기 시작했다. 그 덕분에 유리관 속에 들어가는 공기의 양을 정상 대기압의 100만 분의 1 수준까지 감소시킬 수 있었다.

1838년 마이클 패러데이는 진공 유리관의 두 전극(양극과 음극) 사이에서 아치형의 이상한 광선을 관찰했고, 1857년 하인리히 가이슬러는 좀 더 성능이 뛰어난 펌프를 이용하여 '글로', 좀 더 정확하게 표현하면 현대의 네온사인과 비슷한 물질을 생성시켜 유리관을 가득 채웠다. 1876년 에우겐 골트슈타인은 이 광선들이 유리관 속의 고체에 음영을 만들어낸다는 사실을 확인했고 광선의 이름을 '음극선'이라 붙였다. 한편 윌리엄 크룩스는 이보다 더 성능이 뛰어난 펌프로 글로를 생성시켰는데 음극선 앞에서 검은 공간이 나타났다. 그래서 이 부분을 '크룩스의 암흑부'라고 부르게 됐다. 크룩스가 유리관에서 더 많은 공기를 빼내자 이 공기가 유리관 아래의 양극으로 확산됐고 양극 뒤에 있는 유리가 빛나기 시작했다. 그는 이 글로를 음극선에 놓고 유리관을 가까이 비추다가 양극을 잘못 맞춰 유리와 충돌하게 됐다.

1895년 11월 8일 금요일, 독일 뷔르츠부르크대학교 교수였던 빌헬름 뢴트겐(Wilhelm Conrad Rontgen)은 필립 레너드가 발명한 진공관으로 여러 가지 실험을 하고 있었다. 이 진공관에는 음극선을 방

출시키기 위해 유리로 밀봉해놓은 작은 알루미늄 창이 달려 있었다. 뢴트겐은 작은 알루미늄 창 가까이에서 형광물질(시안화백금바륨)을 칠한 판지를 손으로 잡고 있었다. 그런데 빛을 비추지 않는데도 판지가 밝게 빛나는 것이었다.

그는 완벽한 암흑 상태에서 다른 관을 이용해 실험했다. 그리고 이 빛이 방의 맞은편으로부터 들어온다는 사실을 알게 됐다. 성냥불을 켜고 봤더니 똑같은 이미지가 형광 스크린에 나타났다. 궁금증이 생긴 그는 다시 실험을 해야겠다고 마음먹었다.

## 유레카!

이후 뢴트겐은 흥분 상태에 빠져 일주일 내내 실험실에 처박혀 같은 실험을 반복했다. 물론 그는 자신이 본 것이 형광물질이 아니라는 생각은 전혀 하지 못했다. 그는 어떻게 이런 일이 생기는지 도무지 알 수 없었다. 어쨌든 진공관이나 작은 알루미늄 창을 통해 광선이 들어온 것은 틀림없었다. 그리하여 그는 이 광선의 이름을 처음에는 엑스선(미지수를 나타날 때 x라고 하므로)이라고 했다. 물론 몇 년 후에는 뢴트겐선이라고 불리기는 했지만 말이다.

이 일이 있고 2주 후 그는 아내인 안나 베르타의 손목 사진을 찍었다. 이것이 바로 최초의 엑스선 사진이었다. 그해 말 뢴트겐은 이 연구 결과를 주제로 「새로운 종류의 광선에 대하여」라는 논문을 발표했고, 1901년 최초의 노벨물리학상 수상자가 됐다. 그런데 그는 자신의 발견으로 모든 사람이 두루 혜택을 받을 수 있기를 원했기 때문에 뢴트겐선에 특허출원을 하지 않았다.

## 영감

뢴트겐의 논문이 발표되고 한 달이 채 되지 않았을 무렵이다. 뢴트겐의 엑스선 발견에 자극을 받은 프랑스 물리학자 앙리 베크렐(Antoine Henri Becquerel)은 인광성 소금인 황산우라닐칼륨을 연구하기 시작했다. 형광물질에 빛을 비추면 불빛이 있는 동안에는 글로가 반짝거렸다. 그런데 형광물질 위에 빛을 비추고 나서 불을 끈 다음에도 글로는 사라지지 않고 있었다. 그는 이 인광성 물질이 엑스선 아니면 이와 유사한 물질을 방출할 것이라고 생각했다. 그리고 사진건판을 아주 두꺼운 검은색 종이로 두 겹을 쌌다.

> 두꺼운 종이로 싼 건판은 낮 동안 태양에 노출시켜도 그림자가 생기지 않는다. 바깥에 인광성 물질이 있는 평판의 종이 위에 올려놓고 몇 시간 동안 햇빛에 노출시켰다. 그리고 사진건판을 현상했더니 인광성 물질의 실루엣이 음화에서는 검은색으로 나타난다는 사실을 확인할 수 있었다. 인광성 물질과 종이 사이에 지폐 혹은 컷 아웃 디자인으로 뚫은 금속 스크린을 놓으면 음화에서 이 물체의 이미지가 나타나는 것을 확인할 수 있었다. … 베일에 싸였던 인광성 물질이 광선을 방출하고 불투명한 종이를 통과하여 실버솔트(염료 공업에서 사용하는 안트라퀴논-2-술폰산나트륨의 통칭-역주)를 감소시킨다는 결론을 내렸다.

## 방사선

그리하여 베크렐은 이 물질을 햇빛에 노출시키지 않고도 같은 결과를 얻을 수 있다는 사실을 발견했다.

1896년, 그는 이 새로운 광선이 인광성 물질인 우라늄 때문에 생성된다는 사실을 발견했다. 베크렐은 전혀 생각지도 못하게 방사능을 찾아낸 것이다.

**연구자:**
조지프 존 톰슨

**연구 분야:**
원자물리학

**결론:**
원자의 구성을 알게 해준 첫 번째 실마리.

# 원자 속은 어떻게 생겼을까?

## 전자의 발견

1890년대는 숨 가쁜 속도로 과학이 발전하며 새로운 실험과 발견이 꼬리에 꼬리를 물고 일어나던 시기였다. 전기가 보급된 지 얼마 되지 않은 데다 자동차도 아직 세상의 빛을 보지 못한 시절이었으나, 원자 과학은 날로 급성장했다.

영국 케임브리지의 캐번디시연구소에 맨체스터 출신의 J. J. 톰슨 (Joseph John Thomson)이라는 물리학자가 있었다. 1897 그는 원자가 더 작은 입자들로 구성되어 있으며, 이 중 가장 작은 것은 가장 가벼운(우주에서 가장 많은) 원소인 수소 원자와 크기가 같으리라 생각했다.

1890년 아서 슈스터는 음극선이 음전하로 하전되어 있으며 자기장과 전기장에 의해 방향이 바뀔 수 있다고 주장했다. 그리고 그는 음극선의 전하 대 질량비가 1,000배 이상일 것이라고 하였다. 그러나 당시에는 아무도 그 말을 믿지 않았다.

## 음극선

톰슨은 진공관을 이용하여 음극선을 연구하고 있었다. 그는 수소 원자의 크기가 이 입자의 크기와 같을 것이라 생각했다. 그런데 수소 원자의 크기를 기준으로 계산한 것보다 음극선은 공기 중에서 더 멀리 이동한다는 사실이 밝혀졌다. 이 정도의 크기가 되는 입자는 공기 중에 있는 질소와 산소 분자와 진동을 일으키며 이동을 멈추지만, 음극선들은 이러한 충돌을 피할 수 있었다.

음극선들은 음극으로부터 모든 방향으로 퍼져 나갔으나 톰슨은 간신히 음극선을 좁은 광선으로 몰아넣을 수 있었다. 그는 이 과정을 상세히 관찰하면서 음극이 열전대와 충돌할 때 열을 발생시켰기 때문에 광선이 입자로 구성되어 있다는 사실도 확인할 수 있었다. 한편 그는 정량 분석을 하기 위해 진공관을 제작했다. 이 진공관은 광선이 음극에서 흘러나와 오른쪽의 양극을 통과하여 유리종으로 들어갈 수 있도록 설계되어 있었으며, 이 유리종의 격자 표시가 된 스크린의 중심에는 밝은 점이 찍혀 있었다.

## 광선을 휘게 하다

일반적으로 광선은 직선으로 이동한다. 그러나 슈스터처럼 톰슨은 자석과 강력한 자기장

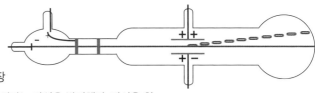

을 이용하면 광선을 휘게 할 수 있다는 사실을 발견했다. 광선을 휘게 할 수 있다는 것은 광선이 음전하를 갖고 있다는 의미였다.

톰슨은 광선의 휘어진 정도를 이용하여 광선의 전하와 분자의 질량비를 구할 수 있었다. 계산 결과는 놀라웠다. 각 입자의 질량이 수소 원자 하나 질량의 1,000배 이상이라고 가정할 때(또는 최대 하전 상태일 때), 음극선의 전하 대 질량비는 수소 이온($H^+$)의 전하 대 질량비의 1,000배를 넘었다. 게다가 그는 음극이 어디에서 생성되었는지에 관계없이 질량이 같을 것이라고 생각했다(예를 들어 원자). 그리하여 그는 다음과 같이 결론 내렸다.

> 음극선은 음전하를 지니고 있으므로 음전하로 하전되었을 때처럼 정전력에 의해 방향이 바뀔 수 있다. 자기력이 음전하로 하전된 물체에 음극선의 경로를 움직이며 작용하듯이 음극선도 이런 자기력의 영향을 받을 수 있다. 따라서 나는 이것이 물질의 입자가 지니고 있는 음전하라는 결론을 내릴 수밖에 없다.

**전기장에 의한 편향**

톰슨은 이 입자들을 '미립자'라고 했으나 곧 전자라는 이름으로 불리게 됐다. 그는 모든 원소는 틀림없이 이 '미립자들'로 구성돼 있을 것이라 생각했고, 1904년 원자의 '톰슨의 원자 모형(plum-pudding model)'을 제시했다. 이 모형에 의하면 원자는 양전하로 둘러싸인 구형이고 그 안에는 작은 전자들이 박혀 있으며 일정한 궤도를 빠른 속도로 회전하고 있다.

양전하로
둘러싸인 구면

전자

**톰슨의
원자 모형**

## 잘못된 선택?

원래 톰슨의 아버지는 그가 엔지니어가 되길 원했다. 그러나 가정 형편이 넉넉지 않아 톰슨에게 도제살이를 시킬 여유가 없었다. 대신 그는 과학 공부를 하여 케임브리지대학교에 진학했고 수리물리학자가 됐다. 톰슨은 28세의 젊은 나이에 캐번디시연구소의 실험물리학 교수의 자리에 올랐으나 주변의 우려도 있었다. 다른 견습생보다 나이가 어린 데다 실험물리학에 관해 아는 것도 많지 않았던 것은 물론, 손재주까지 서툴렀기 때문이다.

톰슨은 비록 손재주가 없었지만 장치 설계에는 탁월한 재능을 보였으며 제자들에게는 훌륭한 스승이었다. 결국 톰슨은 1906년 노벨물리학상을 수상하는데, 캐번디시연구소 출신으로는 두 번째였다. 캐번디시연구소에서 배출한 노벨상 수상자만 무려 29명이었다.

여기에 머물지 않고 톰슨과 그의 제자 프란시스 윌리엄 애스턴은 양이온(전자를 잃은 상태의 원자)을 연구하기 시작했다. 그러다 1929년에 다양한 질량을 갖는 양이온의 성질을 이용하여 양이온을 분리하는 데 성공했다. 이외에도 그는 희유기체인 네온에 동위원소가 두 개라는 사실도 처음 발견했다. 동위원소는 양성자의 수는 같지만 중성자의 수가 다른 원소를 일컬으며, 네온 20, 네온 22 같은 식으로 명칭을 붙인다. 한편 톰슨과 애스턴이 발명한 장치는 질량분석계로 발전해 화학자들의 가장 강력하고 유용한 도구가 되었다.

# 라듐은 어떻게 발견됐을까?

### 방사능 연구의 선구자

## 1898
## 연구

**연구자:**
마리 퀴리, 피에르 퀴리

**연구 분야:**
방사능

**결론:**
라듐의 발견은 방사능 연구의 초석이 됐다.

마리 퀴리(Marie Curie)는 아마 역사상 가장 위대한 여성 과학자일 것이다. 폴란드에서 태어난 그녀는 말 그대로 험난한 어린 시절을 보냈다. 19세기 후반의 폴란드는 애국주의자들이 살기 힘든 곳이었다. 그녀의 가족은 러시아인들에게 감시를 당하고 있었다. 다행히 물리 교사인 아버지 덕분에 마리아 살로메아 스크워도프스카(마리 퀴리의 결혼 전 이름)는 교육을 받을 기회를 완전히 빼앗기지 않았다.

폴란드에서는 여자가 대학에 입학할 수 없었기 때문에 그녀는 파리로 유학을 갔다. 그리고 그곳에서 피에르 퀴리를 만났다.

### 우라늄광선(방사선)

1895년 후반에 엑스선과 방사능이 발견되자, 마리는 '우라늄광선'을 연구해보겠다고 마음먹었다. 운이 좋게도 피에르와 그의 형이 개발해놓은 전위계가 있었다. 전하를 측정할 수 있을 정도로 감도가 뛰어난 장치였다. 마리는 우라늄광선이 주변의 공기에 전기를 전도할 수 있다는 사실을 발견하고는, 이 광선을 탐지하는 데 전위계를 사용했다.

처음에 그녀는 여러 가지 우라늄염을 조사했다. 그리고 이 과정에서 광선의 세기가 우라늄의 양에 좌우된다는 사실을 알게 됐다. 이는 그녀가 광선이 분자와는 다른 형태라는 사실을 이미 알고 있었으며, 광선이 실제 우라늄 원자과 같은 특성을 지녔을 것이라 추측하고 있었다는 뜻이다. 가장 흔한 우라늄 광석은 피치블렌드(역청우라늄석, 우라니나이트라고도 함)였다. 마리는 피치블렌드가 우라듐의 네 배나 많은 광선을 생성시킨다는 사실을 알아냈고, 피치블렌드에 우라늄보다 더 많은 다른 활성물질이 있을 것이라 추론했다.

## 새로운 원소

피에르는 마리의 연구 주제에 매력을 느끼고 그녀의 연구에 합류하기로 결심했다. 물론 공동 연구의 주도권은 그녀에게 있었다.

1898년 4월 14일, 두 사람은 새로운 고활성물질을 찾으리라는 희망을 품고 피치블렌드 100그램을 갈아서 용해시켰다. 실험 결과는 상당히 낙관적이었다. 1902년, 드디어 피치블렌드 1톤으로 실험을 시작했다. 그리고 수개월 동안 고생하여 연구한 끝에 간신히 염화라듐 0.1그램을 분리하는 데 성공했다.

마리와 피에르는 황산에 용해시킨 피치블렌드 표본으로부터 우라늄을 전부 추출했을 때, 잔류물에 방사성 성분이 남아 있다는 사실을 확인했다. 두 사람은 이 잔류물로부터 비스무트와 유사한 원소를 간신히 분리해냈다. 이 물질은 원소 주기율표의 비스무트 다음에 오는 원소로, 그 화합물도 비스무트와 비슷한 성질을 지니고 있었다. 이것은 지금까지 한 번도 발견된 적이 없는 전혀 새로운 물질이었다. 마리는 조국을 기리는 마음으로 이 원소의 이름을 폴로늄이라 붙였고, 마리와 피에르는 1898년 7월에 폴로늄 발견 사실을 공식적으로 발표했다.

## 잡히지 않는 라듐의 비밀을 밝혀내다

여기에 그치지 않고 두 사람은 이 물질의 잔류물을 분리하는 작업에 착수했다. 그리고 이 과정에서 또 다른 고활성물질을 발견했다. 이 물질은 바륨과 유사했고 전부 광석의 바륨 화합물에 섞여 있었다. 바륨은 불꽃을 밝은 녹색으로 변화시키고 바륨의 스펙트럼에는 녹색 줄이 생긴다. 반면 이 새로운 물질은 이름 모를 붉은 선을 만들어냈다.

이는 틀림없이 또 다른 물질이 들어 있다는 의미였다.

바륨에서 이 물질을 분리해낸다는 건 좀처럼 쉬운 일이 아니었다. 마리와 피에르는 식염을 만들어 이 물질을 서서히 결정화시켰다. 새로운 물질의 염화물은 염화바륨보다 용해도가 떨어졌다. 그래서 이 물질은 염화바륨보다 결정이 천천히 형성됐다. 두 사람은 전위계로 수집할 수 있는 모든 표본을 테스트하여 방사성 성분이 있는지 확인했다. 두 사람이 '방사능'이라는 용어를 처음 사용한 것도 이때였다.

1898년 12월 21일 마리와 피에르는 이것은 분명히 새로운 물질이라는 확신을 얻었다. 이 물질에서는 엄청난 양의 광선이 방출됐기 때문에 두 사람은 이 물질에 '빛살'이라는 뜻의 라듐이라는 이름을 붙였다. 그리고 12월 26일 프랑스 과학 아카데미에 라듐이라는 새로운 물질이 존재한다는 사실을 보고했다. 물론 당시의 라듐은 분리 작업이 완료되지 않은 상태였다. 그로부터 12년 후에 마리는 드디어 순수한 라듐 금속을 추출하는 데 성공했다. 라듐 화합물은 몇 년 후 어니스트 러더퍼드의 핵심 연구 주제가 됐다. 그러나 현재 전 세계 라듐 화합물 연간 생산량은 기껏해야 100그램 정도다.

## 세계적으로 인정받다

1902년까지 마리와 피에르는 총 32편의 논문을 발표했다. 1903년 마리는 박사학위를 취득하고 왕립학회에 초청을 받았으나, 여성은 강의를 할 수 없다는 이유로 피에르가 대신 강의를 했다. 그해 12월, 마리 퀴리와 피에르 퀴리, 앙리 베크렐은 노벨물리학상을 수상했다. 그녀는 사상 최초의 여성 노벨상 수상자였다. 원래 수상자 명단에는 피에르와 베크렐만 있었으나, 이 사실을 안 피에르가 노벨상 위원회에 항의하여 마리 퀴리의 이름이 오를 수 있었다.

**연구자:**
니콜라 테슬라

**연구 분야:**
전기학

**결론:**
전기 에너지는 전선 없이 송신될 수 있다.

# 전기 에너지는
# 공간을 이동할 수 있을까?

## 무선전력송신

니콜라 테슬라(Nikola Tesla)는 지금의 크로아티아에서 세르비아인 부모님 아래에서 태어났다. 학창 시절부터 수학에 뛰어난 재능을 보였던 그는 징병을 피해 오스트리아로 넘어가 그라츠공과대학교에 입학했다. 처음에는 열정적으로 연구에 임했지만 도박 중독에 빠져 시험에 낙제를 하고 말았다. 훤칠한 키와 수려한 용모, 그리고 깡마른 체구를 가졌던 그는 영락없는 '광기 어린 과학자'였다.

테슬라는 1886년 6월 뉴욕으로 건너가 토머스 에디슨과 함께 일을 하게 됐다. 그러나 테슬라는 에디슨이 자신에게 주기로 한 돈을 주지 않았다며 에디슨과 부딪치고, 결국 에디슨과도 결별을 했다. 이후 그는 자신의 발명품 특허수익에 대한 지분을 주겠다며 사업가들을 설득하여 간신히 연구자금을 마련했다. 1888년에는 발명가 조지 웨스팅하우스와 수익성이 있는 계약을 체결했다.

1891년, 테슬라는 자신의 발명품 중 가장 유명한 테슬라 코일을 생산했다. 테슬라 코일은 엄청난 고전압에서 교류를 생성할 수 있는 공진 변압기 회로로, 지금도 가끔 사용된다.

## 무선전력송신

1883년 시카고 세계박람회에서 웨스팅하우스는 '테슬라의 다상 방식'을 선보였다. 당시 현장에 있던 한 관찰자는 이렇게 기록하고 있다. "방 안에는 포일로 쌓여 있는 단단한 고무판이 걸려 있었다. 약 4.5미터 간격으로 떨어져 있던 이 두 개의 고무판은 변압기와 연결되는 전선의 단자 역할을 했다. 램프나 관이 방 안에 걸려 있는 두 개의 고무판 사이의 테이블 위에 놓여 있었는데, 전선이 없는데도 전기가 들어와 있었다. 이것들을 손에 쥐고 방 안의 어느 곳을 돌아다녀도 불이 들어오지 않는 곳이 없을 정도였다."

그러니까 무선으로 램프에 전력이 송신되는 기술을 설명하고 있었던 것이다.

그리고 1899년 테슬라는 콜로라도스프링스에 연구소를 설립했다. 마침 다상 방식 교류 시스템이 그곳에 설치돼 있었을 뿐더러, 엄청난 양의 전기를 돈 한 푼 지불하지 않고 사용해도 얼굴 한 번 찌푸리지 않는 친구가 있었기 때문이다. 그는 첫 번째 실험에서 약 12.7센티미터의 스파크를 생성시켰다. 그런데 이 스파크를 생성시키려면 50만 볼트에 가까운 전력이 필요했다.

그는 테슬라 코일로 실험을 시작했다. 실험을 거듭할 때마다 전압을 높여 최대 4백만~5백만 볼트까지 사용했다. 그리하여 그는 거대한 스파크로 인공 번개와 24킬로미터 떨어진 거리에서도 소리가 들리는 천둥을 생성시켰다. 길거리를 돌아다니던 사람은 발밑에 통통 튕기는 듯한 스파크를 느꼈다. 그는 간신히 발전소의 발전기 전력을 차단시켰다. 이것이 정전을 일으켰던 주원인이었기 때문이다.

그는 '확장 송신기(magnifying transmitter)'를 제작하여 전력 에너지의 무선 송신에 사용할 계획이었고, 사람들한테 자신이 무선신호를 송신하고 있다고 미리 말했었다. 테슬라는 당시 상황을 이렇게 기록하고 있다. "나는 내 발명품 중 최고의 작품인 '확장 송신기'가 다음 세대에서는 가장 중요하고 가치 있는 장치가 될 것이라 확신한다."

## 와덴클라이프 송신탑

1900년, 테슬라는 피어폰트 모건의 후원을 받아 롱아일랜드의 쇼어햄 인근에 위치한 와덴클라이프에서 57미터 높이의 송전탑 건설에 착공했다. 그의 바람은 이곳에서 대서양 전역으로 무선신호와 전력을 송신하는 것이었다. 드디어 송전탑이 완공됐지만 테슬라는 빈털터리가 된 지 오래였다. 1901년 증시 파동으로 모건이 더 이상 자금 지원을 할 수 없다고 통보하면서 자금줄이 끊긴 탓이었다.

테슬라의 발명품 중 가장 유명한 것은 테슬라 코일이다. 사실 이것 말고도 알려지지 않은 특허품이 수십 가지는 더 있다. 그는 각종 전기 장치를 발명했다.

테슬라의 무선전력송신 기술이 적용된 장치 중에서 소형 제품으로는 전동 칫솔, 무선 면도기, 심박 조율기, 스마트카드 등이 있고, 대형 장치로는 자기부상열차를 비롯하여 버스나 기차 등의 전기 충전 차량 등이 있다. 현재 과학자와 엔지니어들은 휴대폰, 스마트 태블릿, 노트북 등의 무선 충전기를 개발하고 있다. 그러나 테슬라의 꿈은 아직 실현되지 않았다.

# 빛의 속도는 항상 일정할까?

### E=MC²: 특수상대성이론

**연구자:**
알베르트 아인슈타인

**연구 분야:**
역학

**결론:**
특수상대성이론이 뉴턴의 법칙보다 빛의 속도로 움직이는 속도의 역학을 다루기에 더 적합하다.

여러분은 광선 여행이 가능하다고 생각하는가? 알베르트 아인슈타인(Albert Einstein)은 1879년 3월 14일 독일 울름에서 태어났다. 1894년 그의 부모님은 이탈리아로 이주했으나, 그는 1895년과 1896년 두 해 동안 스위스의 아라우에서 학교를 다녀야 했다. 그가 느끼기에 스위스의 교육 방식은 독일보다 여유롭고 진보적이었다. 훗날 그는 이런 글을 남겼다. "스위스의 자유로운 정신세계, 선생님들의 소박하고도 진지한 태도는 나에게 잊을 수 없는 기억이었다." 아인슈타인이 직접 밝힌 적이 있지만 그는 이때부터 벌써 상대성이라는 개념을 생각하고 있었던 것이다.

## 특수상대성이론의 패러독스

아인슈타인의 전기에는 다음과 같은 사고실험(Gedankenexperiment)이 등장한다.

나는 16살 때부터 이미 특수상대성이론의 패러독스에 대해 고민하고 있었다. 내가 c의 속도(진공 상태에서 빛의 속도)로 이동하는 광선을 쫓고 있다고 가정할 때, 나는 이 광선을 우주 공간에서는 왕복운동을 하고 있지만 지구에서는 정지 상태에 있는 전자기장처럼 관찰해야 한다. 그런데 이런 일은 존재할 수 없는 것처럼 보인다. 실제로 체험할 수도 없고 맥스웰 방정식으로도 증명할

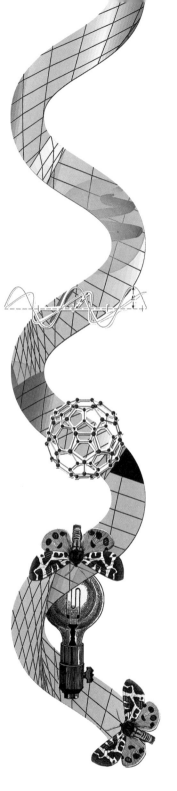

수 없다. 처음부터 나는 직관적으로 확신하고 있었다. 관찰자의 입장에서 보면 모든 운동은 정지 상태다. 지구에 대해 상대 운동을 하는 관찰자 입장에서 운동 법칙이 적용되기 때문이다. 첫 번째 관찰자는 자신이 등속운동에 근접한 상황에 있다는 사실을 어떻게 알고 결정할 수 있을까? 이 패러독스에서 이미 특수상대성이론이 싹트고 있었다.

이것은 분명 패러독스다. 아인슈타인이 정지 상태의 광선을 보았다면 그는 자신이 (빛의 속도로) 움직이고 있다는 사실을 알고 있었을 것이다. 그런데 이렇게 되면 갈릴레이의 상대성에 위배된다.

갈릴레이는 1632년 『프톨레마이오스와 코페르니쿠스의 2대 세계 체계에 관한 대화』에서, 배의 갑판 아래 창문도 없는 객실에 있을 때 잠잠한 바다를 항해한다면 관찰자는 배가 움직이고 있는지 판단할 수 없다고 했다. 그러나 배가 가속을 하거나 모퉁이를 돌 때 관찰자는 배의 움직임을 느낄 수 있다. 이 경우에 관찰자는 자신에게 힘이 작용한다는 걸 느끼지만, 바다에 대해 상대 운동을 하기 때문에 정지 상태인 운동과 일정한 속도의 직선 운동을 구분할 수 없다.

마이컬슨-몰리의 실험에 의하면 빛의 속도는 매질인 에테르의 영향을 받지 않는다. 아인슈타인은 이 사실을 알고 있었는지도 모르겠다. 어쨌든 그는 초속 299,792,458킬로미터나 c처럼 속도가 일정하다고 가정한 상태에서 이론을 전개했다.

그렇다면 이것도 직관에 어긋나는 셈이다. 가령 야구, 투창, 축구처럼 구기나 던지기 종목 선수들은 달리면서 공을 던지거나 찬다. 달리면서 공기 중 물체의 속도를 높일 수 있기 때문이다. 그런데 빛은 다르다. 빛은 광원의 운동에 영향을 받지 않는다.

1905년 특수상대성이론에 관한 논문에서 아인슈타인은 물리학의 법칙, 이를테면 등속직선운동을 하는 이동수단이나 장소에는 항상 동일한 관성계가 적용되는 것으로 가정했다.

정지 상태에 있는 특별한 장소라는 건 존재하지 않는다. 따라서 빛의 파동이 이동하는 정지 상태의 에테르도 존재하지 않는다. 모든 물체는 모든 대상에 대해 상대 운동을 한다.

## 특수상대성이론은 왜 중요할까?

이러한 사고로부터 도출된 결론은 난해했다. 한 가지 중요한 사실은 기준계가 다르면 시계에서 가리키는 시간도 달라진다는 것이다. 지금 내가 여러분이 빠른 속도로 지나가고 있는 모습을 보고 있다고 하자. 내가 보는 관점에서 여러분의 시계는 내 시계보다 훨씬 천천히 돌아가고 있을 것이다. 그러니까 기준계가 다르면 두 관찰자에게 동시에 일어난 사건이라고 해도 두 사람은 동시에 일어났다고 느끼지 않는다.

아인슈타인에게는 기적의 해였던 1905년, 그는 3편의 논문을 더 발표했다. 하나는 이후 그에게 노벨상을 안겨줬던 광전효과에 관한 논문이었고, 다른 하나는 액체에서 분자의 브라운 운동에 관한 논문이었다. 나머지 하나는 열의 일당량에 관한 논문이었다. 특히 이 논문은 특수상대성이론을 정립하는 직접적인 계기이자 세계에서 가장 유명한 방정식 $E=MC^2$의 바탕이 됐다.

1908년, 아인슈타인의 스승이었던 헤르만 민코프스키는 특수상대성이론의 공간 개념에 시간 개념을 추가하여 이론을 재구성했다. 처음에 아인슈타인은 민코프스키의 4차원 시공간 개념에 대해 회의적이었다. 그러나 나중에 그는 민코프스키의 이론을 인정했을 뿐만 아니라, 그것이 자신의 일반상대성이론을 발전시키는 데 반드시 필요하다는 사실을 깨달았다.

1905년 아인슈타인이 발표한 이론에서는 관찰자 입장에서의 관성계만 다루고 있으므로 특수상대성이론이라 불린다. 가속과 중력 개념을 포함시키려면 일반상대성이론이 필요하다.

# 1908~1913
## 연구

**연구자:**
어니스트 러더퍼드, 한스 가이거, 어니스트 마르스덴

**연구 분야:**
원자물리학

**결론:**
원자는 대부분 빈 공간으로 이뤄져 있으며 중심에는 아주 작고 밀도가 높은 핵이 박혀 있다.

# 세상의 대부분은 왜 텅 비어 있을까?

## 포탄과 티슈페이퍼

'원자물리학의 아버지' 어니스트 러더퍼드(Ernest Rutherford)는 뉴질랜드에서 농부의 아들로 태어났으며 J. J. 톰슨의 제자였다. 1908년 그는 캐나다 맥길대학교에서 실시했던 방사성 붕괴에 관한 연구로 노벨화학상을 수상하는데, 여기에는 방사성 원소가 세 종류의 '광선'을 방출한다는 사실을 발견했다는 내용이 포함되어 있다. 러더퍼드는 이 세 광선에 알파선, 베타선, 감마선이라는 이름을 붙였다. 다시 영국 맨체스터로 돌아온 러더퍼드는 알파 '광선'이 헬륨 원자의 핵과 동일하다는 사실을 증명했다(이제 우리는 헬륨 원자가 두 개의 양성자와 중성자로 구성되며, 모두 결합하면 두 개의 양전하를 갖는다는 사실을 알고 있다).

## 원자의 구조

전자가 음전기를 띠는 미립자라는 사실은 톰슨이 이미 증명했다. 그는 '톰슨의 원자 모형'을 통해 각 원자의 나머지 부분은 양전기로 된 구형이며 그 안에는 전자가 박혀 있을 것이라고 생각했다.

러더퍼드는 이러한 원자의 구조를 연구하기 위해 알파 입자를 다른 원소에 충격을 가하는 '무기'로 사용하여 실험해보기로 결심했다. 실험은 독일의 과학자 한스 가이거(Johannes "Hans" Wilhelm Geiger)와 그의 제자인 어니스트 마르스덴(Ernest Marsden)과 함께 진행했다.

E

양성자

중성자

P+ N P+
N N N
P+ N P+

E

E

핵

E

전자

이 실험을 위해서 원료가 라듐일 경우 얼마나 많은 알파 입자를 생성시킬 수 있는지 알아야 했기 때문에 러더퍼드와 가이거는 탐지기를 만들었다. 유리관 모양의 탐지기에는 공기와 전자 한 쌍이 담겨 있었다. 그리고 이 유리관 안에서 각각의 알파 입자가 공기의 일부를 이온화시키고 전기 펄스를 생성시켰다. 이 단순한 장치가 발전한 것이 그 유명한 가이거 카운터다. 공기를 통과시켰을 때 알파 입자가 산란되는 양을 보고 깜짝 놀란 러더퍼드는 가이거와 마르스덴에게 다른 물질의 알파 입자가 산란되는 양도 함께 조사해보라고 했다. 이 실험에서 가이거와 마르스덴은 금박을 이용했다. 금은 한 원소로만 구성되고 아주 얇게 가공할 수 있기 때문이다.

먼저 두 사람은 2미터 길이의 유리관을 만든 다음에 한쪽 구멍으로 라듐 샘플을 넣은 뒤 알파 입자를 방출시켰다. 유리관의 중앙에는 0.9밀리미터 너비의 슬릿이 있었고, 가느다란 광선만 이 슬릿을 통과할 수 있었다. 다른 한쪽 구멍에는 인광 스크린이 있었는데, 알파 입자가 부딪치면 여기에서 글로가 반짝거렸다. 신틸레이션(섬광) 수를 세고 확산 상태를 측정하는 데는 현미경이 사용됐다.


## 산란된 금

유리관에서 공기가 다 빠져나갔을 때 신틸레이션에는 깔끔하고 폭이 좁은 패치가 형성돼 있었다. 그러나 글로에 공기가 있을 때는 신틸레이션이 확산됐다. 마치 폴리에틸렌 시트를 통과하는 섬광처럼 빛났다. 공기가 없는 상태에서 슬릿 위에 얇은 금박 조각이 놓여 있을 때도 같은 현상이 일어났다. 즉 공기 분자와 금속 원소가 알파 입자의 광선을 산란시킨 것이었다.

러더퍼드는 금 원자가 구형으로 된 양전하 표면에서 확산된다면 알파 입자는 아주 작은 각도로 편향될 것이라 짐작하고 있었다. 그렇다면 이 입자들의 대부분은 직선으로 통과해야 한다. 당연히 러더퍼드는 금 원자가 산란된 양을 보고 깜짝 놀랄 수밖에 없었다. 그래서 러더퍼드는 가이거와 마르스덴에게 다음 실험에서는 이 입자들이 어느 정도의 각도를 이루며 튀어나가는지 확인해보라고 했다.

## 각도가 크다는 것은?

이 실험을 위해 가이거와 마르스덴은 새로운 장치를 하나 더 만들었다. 이 장치의 스크린은 알파 입자가 약 45도의 각도로 부딪치고 튀어나올 수 있도록 납으로 된 평판으로 가려져 있고(이 평판이 모든 것을 차단했다) 금박으로 고정돼 있었다. 이렇게 금을 산란시킨 두 사람은, 금은 밀도가 훨씬 낮은 금속인 알루미늄보다 입자를 더 많이 산란시킨다는 사실을 확인할 수 있었다.

두 사람은 이 실험 외에도 유사 실험을 실시했고 다음과 같은 결론을 내렸다. 입자는 ① 더 두꺼운 물질과 ② 더 무거운 원자와 ③ 더 낮은 속도로 이동할 때, 편향이 더 많이 일어난다. 그런데 실제로 90도 이상일 때 아주 적은 양의 입자가 편향됐다.

러더퍼드는 가이거와 마르스덴으로부터 이 실험 결과를 듣고 깜짝 놀랐다. 자신이 제안했던 실험이었지만 뜻밖의 결과가 나왔던 것이다. 러더퍼드는 케임브리지대학교 강의에서 이 실험 내용을 다루며 "우리가 얇은 티슈페이퍼 한 장에 15인치 포탄을 쐈는데 그 포탄이 우리 쪽으로 날아오다가 반대쪽으로 튀어나간다는 건 믿기 어려운 일이지요"라고 했다.

양전하가 완전히 확산된 상태에서는 편향되는 알파 입자의 양이 많지 않다. 그런데 양전하가 작은 고체 덩어리일 때 대부분의 입자들은 양전하를 빗맞히기 때문에 미량의 입자만 남는다. 쉽게 말해 이렇게 남아 있는 미량의 입자는 야구 배트로 공을 치면 그 공이 튀어나오듯 다시 튀어나온다는 의미다.

이 연구를 바탕으로 러더퍼드는 원자의 안은 대부분 빈 공간이지만 아주 작은 양전하의 핵이 중심에 박혀 있고 아마도 그 주위를 전자가 회전하고 있을 것이라는 결론을 내렸다.

# 절대영도에서 금속은
# 어떻게 작용할까?

### 초전도체와 저온의 상관관계

## 1911
## 연구

**연구자:**
헤이커 카메를링 오너스

**연구 분야:**
전기학

**결론:**
일부 금속은 극저온에서 초전
도체로 변한다.

절대영도에 가까워지면 기이한 현상이 벌어진다. 로버트 보일은 현실적으로 가능한 가장 낮은 온도에 대해 연구했고, 이후로도 학자들은 가스의 양이 일정할 때 온도가 내려가면 부피가 줄어드는 현상을 관찰해왔다. 이에 따르면 부피는 대략 화씨 -455도(섭씨 -270도)에서 0이 된다.

제임스 줄이 열의 일당량이라는 개념을 발전시킨 후, 캘빈 경이 열역학 법칙을 바탕으로 계산한 결과 절대영도는 화씨 -459.67도(섭씨 -273.15도)였다. 현재 절대영도는 캘빈온도와 랭킨온도로 모두 측정되고 있으며, 절대영도가 0캘빈(0랭킨)이라고 할 때 얼음의 녹는점은 273.15캘빈(491.67랭킨)이다.

## 저온학

네덜란드의 물리학자 헤이커 카메를링 오너스 (Heike Kamerlingh Onnes)는 1882년에 네덜란드 레이덴대학교 실험물리학과 교수가 되었다. 그리고 1904년에는 저온물리 실험을 위해 대형 저온물리학 실험실을 설립했다. 1908년 7월 10일에 가까스로 그는 4.2캘빈의 온도에서 헬륨 가스를 액화시키는 데 성공했다. 그리고 잔여 증기를 펌프로 빼내어 온도를 1.5캘빈으로 감소시켰다. 당시로써는 기록적인 수치였다.

캘빈 경은 이러한 극저온 상태에서는 전기의

흐름이 중단될 것이기 때문에 금속의 저항이 엄청나게 증가하리라 생각했다. 그러나 오너스는 캘빈 경의 견해에 동의하지 않았다. 1911년 4월 11일 오너스는 고체 수은 와이어를 4.2캘빈의 액화 헬륨에 담그는 실험을 했다. 그런데 캘빈 경의 예측과는 정반대로 저항이 완전히 사라졌다. 오너스는 우쭐해졌고 일기장에 당시의 상황을 이렇게 기록했다(이 기록은 100년 동안 해독되지 않은 채로 있었다).

수은이 새로운 상태가 됐다. 이 상태에서 수은은 아주 독특한 전기의 성질을 보이는데, 초전도 상태라고 해야 할 것이다.

이 실험은 수십 년 동안 실시되어왔던 저온 연구의 전환점으로, 이후 여러 분야에 응용되고 있다. 이 원리를 응용한 강입자 충전기는 96톤의 헬륨을 이용하여 1,600개의 초전도 자석을 1.9캘빈의 온도로 유지시킨다.

절대영도에 도달한다는 건 불가능이나 다름없는 일이다. 그럼에도 1999년에 저온물리학의 힘으로 로듐 금속 한 조각을 절대영도에 근접한 0.000,000,000,1캘빈으로 냉각시키는 데 성공했다.

액화 헬륨은 2.17캘빈 미만으로 냉각될 경우 초유체가 된다. 어떤 물질이 컵이나 비커에 들어 있을 때 액체가 완전히 빠져나갈 때까지 벽이나 테두리 위까지 얇은 막이 올라오는데, 이를 오너스 효과라고 한다.

# 머리 위에 떠다니는 구름을
# 연구해서 노벨상을 받을 수 있을까?

### 안개상자와 뜻밖의 물리학적 성과

## 1911
## 연구

**연구자:**
찰스 톰슨 리스 윌슨

**연구 분야:**
기상학, 입자물리학

**결론:**
안개상자의 발명으로 뜻밖의 물리학적 성과를 얻었다.

찰스 톰슨 리스 윌슨(Charles Thomson Rees Wilson)은 스코틀랜드에서 농부의 아들로 태어났다. 원래 의학을 전공하려 했던 그는 케임브리지대학교에 입학한 후 물리학, 특히 기상학에 흠뻑 빠지면서 생각을 바꾸게 됐다.

스코틀랜드 포트윌리엄 인근에는 영국에서 가장 높은 벤네비스 산이 있다. 1883년 스코틀랜드 기상학회는 국민캠페인을 벌여 모금한 자금으로 해발 1,344미터의 산 정상에 기상관측소를 설립했다. 그 지역의 기상학자들은 매 시간 강우량, 풍속, 기온 등을 기록했는데, 심지어 생명을 위협받는 악천후에도 이 일을 계속해야 했다.

한편 관측소에 근무하는 기상학자들의 업무를 덜어주기 위해 여름에 몇 주 정도 젊은 물리학자들이 파견되기도 했다. 1894년 9월 관측소에 도착한 윌슨은 자신에게 파견 근무의 기회가 주어진 것이 마냥 행복했다.

아침 일찍 윌슨은 정상 근처에서 눈앞에 있는 가파른 절벽을 보고 있었다. 그는 서쪽을 향해 서있었는데 그의 등 뒤에서 태양이 떠오르면서 구름 아래에 그의 그림자가 드리워졌다. 돌연 장관이 펼쳐졌다. 그의 머리 위로 떨어진 그림자 주변에 찬란한 무지개가 떠오른 것이었다. 브로켄 스펙터였다.

윌슨은 자기 앞에 펼쳐진 장관을 보며 경이와 환희에 젖어들었다. 그때부터 그는 구름의 움직임을 연구해보리라 마음먹었다. 하지만 제대로 연구를 해보기도 전에 그는 케임브리지로 돌아가야 했다. 케임브리지는 평평한 지대라서 연구에 도움이 될 만한 구름의 움직임이 별로 없었다. 어떻게 해야 할까 고민하다가 그는 안개상자를 발명했다. 안개상자는 인공적으로 만든 구름을 담을 수 있는 플라스크였다.

## 병 안에 담긴 구름

윌슨은 유리불기로 힘들게 대형 유리 플라스크를 만들고 여기에 적합한 부속 장치도 달았다. 그리고 이 플라스크에 습한 공기를 채워넣고 재빨리 내부 압력을 떨어뜨렸다. 그 결과 공기는 과포화 상태가 되어 수증기가 형성되고 안개상자 안에 물방울이 몇 방울 맺혔다. 먼지 입자들 위에 맺힌 것 같았다. 원래 만들고 싶었던 구름을 만드는데 실패한 윌슨은 실망에 빠졌다. 그러다가 이온화된 공기 분자가 구름의 궤적을 형성시킬 수 있을지 모른다는 생각이 문득 떠올랐다.

1895년 후반 엑스선이 발견됐고, 1896년 초반에 윌슨은 안개상자에 광선을 살짝 쏘아봤다. 그랬더니 구름의 궤적이 바로 짙은 안개 덩어리로 변하는 것이 아닌가. 몇 년 후 그는 "이 일을 해내고 얼마나 행복했었는지 지금도 나는 그 감격의 순간을 생생히 기억한다"며 당시의 일을 회고했다. 엑스선이 공기의 일부를 이온화시킨 것이 틀림없었다. 즉, 분자 일부에서 전자가 떨어져

나와 양으로 하전된 이온만 남고, 이 이온들이 물방울을 형성하는 핵으로 작용했던 것이다.

윌슨은 이후 몇 년간 더 연구를 했으나, 1900년부터 1910년까지는 강의 때문에 연구할 시간이 여의치 않았다. 1910년까지 그의 연구에는 진전이 없었다. "알파선과 베타선의 미립자적 성질에 관한 아이디어는 훨씬 더 구체화됐다. 나는 이온화된 입자의 궤적이 눈에 보일 수 있고, 이것이 유리시킨 이온들 위에 물을 응축시키면 궤적들을 사진으로 찍을 수 있다고 생각한다."

1911년 초에 윌슨은 다시 안개상자 연구를 재개할 수 있었다. 그리고 항공기의 수증기 궤적처럼 하전된 입자들도 궤적을 남긴다는 사실을 확인했다. 이 현상을 관찰한 사람은 윌슨이 처음이었다. 그는 "전자는 작은 구름 조각과 가느다란 구름 줄기로 구성되어 있다"고 했다.

## 가장 경이로운 발견

1923년 윌슨은 드디어 안개상자를 완성했고 아름다운 삽화가 포함된 전자의 궤적에 관한 논문을 발표했다. 이 논문에 전 세계의 관심이 집중되면서, 파리, 레닌그라드, 베를린, 도쿄에서도 안개상자를 연구에 활용하기 시작했다. 안개상자 덕분에 양전자의 발견, 전자와 양전자 소멸, 원자핵의 교환핵반응을 설명할 수 있게 됐으며, 물리학자들은 안개상자로 우주선(宇宙線)을 연구할 수 있었다(138쪽 참고). 러더퍼드는 안개상자는 "과학사상 가장 독창적이고 경이로운 도구다"라며 극찬을 했다.

1927년 윌슨은 '수증기를 응결시켜 전기를 통해 하전된 입자의 경로를 가시화하는 방법'에 대한 연구로 노벨물리학상을 수상했다. 물론 윌슨이 처음 이 아이디어를 떠올렸을 때는 전혀 다른 목적을 염두에 두고 있었다. 그는 "나의 모든 연구는 1894년 9월 벤네비스 산에서 보낸 2주 동안의 관찰에서 시작됐다"고 밝혔다.

## 1913
## 연구

**연구자:**
로버트 밀리컨,
하비 플레처

**연구 분야:**
입자물리학

**결론:**
기본 전하량은 $1.6 \times 10^{-19}$쿨롱이다.

# 입자의 전하량을
# 측정할 수 있을까?

### 전자에 관한 실험

1897년 J. J. 톰슨은 전자를 발견하고 전자의 전하량 대 질량비를 측정했다. 그러나 그때까지 전자의 전하량과 질량을 아는 사람은 없었다. 전하량 대 질량비를 알고 있으므로 이제 전하량만 알면 질량은 쉽게 구할 수 있었다.

1910년 로버트 밀리컨(Robert Andrews Millikan)은 기름방울에 관한 연구로 시카고대학교의 교수에 임용되고, 제자였던 하비 플레처(Harvey Fletcher)의 도움으로 간단한 원리의 실험을 구상하고 착수했다.

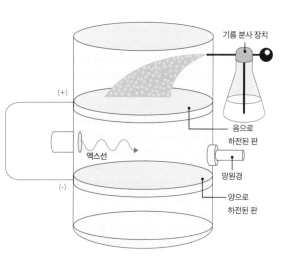

기름 분사 장치

(+)

음으로
하전된 판

엑스선

망원경

(-)

양으로
하전된 판

**전자의
전하량**

## 아주 작은 양을 측정하는 방법

밀리컨과 플레처는 관측상자 위에 있는 저장통에 아주 작은 기름방울을 불어넣고, 공기를 통과할 때 기름방울이 얼마나 빨리 떨어지는지 관찰했다. 그다음에 두 사람은 이 분자를 양으로 하전시키기 위해 전자를 충돌시키고, 관측상자 속에 있는 공기 중 일부를 이온화시켜, 엑스선으로 붕괴시켰다.

이온화된 분자 중 하나가 기름방울과 충돌하면 양전하는 기름으로 전달됐다. 이 방법은 중력의 효과와 아무 차이가 없었기 때문에 전기장에도 적용할 수 있었다.

관측상자의 위와 아래에 금속판이 있었다. 그리고 광측상자는 최대 5,300볼트까지 하전될 수 있었는데, 양으로는 5,300볼트 미만, 음으로는 5,300볼트 초과였다. 이 전기장은 양으로 하전된 판에서 음으로 하전된 판을 향해 기름방울을 위로 밀어 올리면서 중력에 반작용을 했다. 이들은 이 방법으로 기름방울이 계속 떨어지고 있는지, 정지 상태인지, 위쪽 방향으로 움직이고 있는지 확인하고, 기름방울이 움직이는 속도를 측정할 수 있었다.

밀리컨과 플레처는 기름방울 하나에서 이동하고 있는 전하량이 얼마인지는 몰랐으나 전하의 기본 단위가 있을 것이라고 추측했다. 그렇다면 전하량의 기본 단위에 기름방울의 개수만 곱하면 총 전하량을 구할 수 있는 것이었다. 이들은 공기의 점성과 각각의 실험을 실시할 때의 온도, 점성의 효과로 아주 작은 물방울을 어떻게 변화시키는지 알고 있었다. 그리하여 기름방울이 떨어지는 비율을 이용해 각 기름방울의 실제 무게를 구할 수 있었다.

## 전기장

두 사람은 전기장의 스위치를 켜고 기름방울이 상승하지도 낙하하지도 않을 때까지 조심스럽게 변화를 줬다. 힘들고 시간이 오래 걸리는 실험이었다. 둘은 총 58개의 기름방울을 5시간 동안 관찰했다. 이들은 기름방울이 정지 상태에 있을 때는 전기장에 가해지는 위로 상승하는 힘에 의해 정확하게 무게가 맞춰진다는 것을 알고 있었다. 그리고 이때에 사용됐던 전압을 이용해 전기장에 가해진 힘도 구할 수 있었다. 기름방울의 무게를 알고 있으므로 이제 전하가 지니고 있는 무게를 계산할 수 있게 된 것이다.

두 사람이 수많은 기름방울을 관찰한 결과를 종합하여 계산한 전하량의 기본 단위는 $1.592 \times 10^{-19}$였다. 현재 인정되고 있는 전하량의 기본 단위는 $1.602 \times 10^{-19}$이다. 밀리컨과 플레처가 구했던 전하량과 이 수치의 오차가 약 1퍼센트 정도인데, 오차가 발생한 이유는 공기의 점성을 잘못 구했기 때문인 것으로 추정된다.

## 발견

이 발견은 여러 가지 측면에서 중요한 의의가 있다.

첫째, 이 발견으로 인해 전기의 전하량은 개별적인 단위를 통해 구할 수 있고, 토머스 에디슨과 다른 학자들이 생각했던 것처럼 전하량은 지속적인 변수가 아니라는 인식이 자리 잡혔다.

둘째, 이들이 발견한 것이 정말로 최소 크기의 전하라면 이것이 단일 전자의 전하량이 틀림없다는 사실이었다.

셋째, 1811년 아메데오 아보가드로라는 이탈리아의 과학자가 (정해진 온도와 압력에서) 가스 표본의 부피는 입자(원자 혹은 분자)의 수에 비례한다고 주장했다. 밀리컨과 플레처의 발견을 통해 아보가드로의 수를 구할 수 있게 됐다. 아보가드로의 수는 수소 원자 1그램, 탄소 원자 12그램, 수소 원자 16그램, 철 원자 56그램에 있는 원자의 수를 말하며, $6 \times 10^{23}$으로 알려져 있다.

그러나 밀리컨은 자신이 계산했던 결과 중 절반을 고의로 배제시켰다며 불미스러운 논란에 휩싸였다. 물론 이런 식의 자료 조작은 비도덕적인 관행이며 사기로 발전할 가능성이 있었다. 그런데 밀리컨의 실험 결과에서 오차가 컸던 이유는 일부 자료를 배제시켰기 때문이 아니었다. 그가 연구 결과를 산출에 포함시킨 통계 데이터의 오차가 더 컸다.

이런 결과를 얻기까지는 밀리컨의 제자였던 하비 플레처의 공이 컸다. 플레처는 수많은 기름방울을 떨어뜨리고 일일이 망원경으로 관찰했다. 밀리컨이 플레처에게 박사학위를 주는 조건으로 플레처의 연구 결과를 논문의 자료로 사용해도 좋다는 모종의 합의가 둘 사이에 있었기 때문이다. 결국 이 연구로 플레처는 박사학위를 받고 밀리컨은 1923년 노벨물리학상을 차지했다.

밀리컨은 아인슈타인이 1905년 논문에서 다뤘던 광전효과를 믿지 않았다. 그는 아인슈타인의 이론이 틀렸다는 사실을 입증하기 위해 장기간에 걸쳐 어려운 실험을 했지만, 결국 아인슈타인이 옳았다는 걸 인정해야 했다.

"저는 아인슈타인의 방정식을 검증하는 데 10년을 바쳤습니다. 저는 1915년의 이론에는 비합리적인 부분이 있다고 생각합니다만, 그럼에도 아인슈타인의 방정식이 옳다는 것을 인정합니다."

## 1914
## 연구

**연구자:**
제임스 프랭크,
구스타프 헤르츠

**연구 분야:**
양자역학

**결론:**
양자역학 이론이 최초로 증명됐다.

# 양자역학은 상상보다
# 더 이상한 세계?

## 양자도약

떠다니고 있는 수은 원자는 날아다니는 전자에 어떤 영향을 끼칠까? 이 주제에 관하여 제임스 프랭크(James Franck)와 구스타프 헤르츠(Gustav Ludwig Hertz)는 베를린대학교에서 공동 연구를 실시하고 있었다. 1914년 4월 이들이 발표한 첫 논문에는 음극에서 전자가 생성되고 전자가 진공관으로 전해져 금속망 그리드를 통과하여 양극에 전달되는 과정이 소개돼 있다. 이때 전자는 음으로 하전되어 있었기 때문에 양으로 하전된 그리드가 전자를 끌어당겼고 그리드의 양 전압이 증가하면 더 빨리 이동했다. 그리고 양극은 그리드에 비해 상대적으로 소량의 음전하를 지니고 있으므로 전자가 활발하게 이동해야 그리드까지 도달할 수 있었다.

한편 진공관에는 수은 증기가 들어 있었다. 그 안에는 액체 상태의 수은이 있고 진공관은 화씨 239도(섭씨 115도)까지 가열되어 있었다. 따라서 진공관 속을 돌아다니고 있는 전자는 이 경로 주변을 떠다니는 수은 원소와 충돌하기 쉬운 상태였다. 두 사람은 전류, 즉 양극까지 도달하는 전자의 흐름을 측정했고, 그리드의 전압이 증가하면 전류가 최대 4.9전자볼트까지 서서히 증가하다가, 전류가 갑

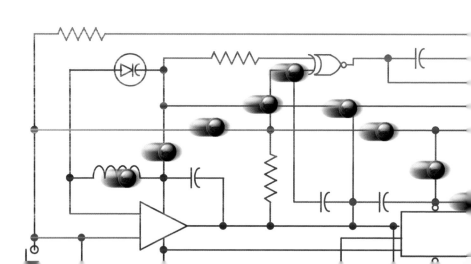

자기 떨어져 0에 가까워진다는 사실을 확인했다. 이는 전자가 1초에 130만 미터의 속도로 꾸준히 증가하다가 갑자기 0으로 떨어진다는 의미였다.

그런데 여기서 독특한 현상이 관찰됐다. 그리드의 전압을 올렸는데 전압이 9.8전자볼트(4.9×2)가 될 때까지 전류가 증가하다가 갑자기 떨어졌던 것이다. 14.7전자볼트(4.9×3)가 될 때도 같은 현상이 일어났다. 겉으로 보기에는 더도 아니고 덜도 아닌 4.9전자볼트에 해당되는 에너지만 잃는 것처럼 보인다. 임계 속도보다 더 빨리 이동하는 전자는 4.9전자볼트의 에너지만 잃고 그 상태로 지속된다. 프랭크와 헤르츠는 이 4.9볼트가 254나노미터에서의 수은 원자 스펙트럼을 구성하는 여러 선 중 하나라는 사실을 입증했다.

## 계속 움직이고 있는 것은 무엇이었을까?

처음에 프랭크와 헤르츠는 수은 원자가 돌아다니는 전자에 의해 이온화된 것이라고 생각했다. 그러던 차에 닐스 보어가 새로운 원자 모형을 제시하며 이 연구에 뛰어들었다.

J. J. 톰슨의 '톰슨의 원자 모형'은, 작은 핵이 텅 빈 공간에 둘러싸여 있고 이 주위를 작은 전자들이 일정한 궤도를 이루며 돌고 있을 것이라는 러더퍼드의 모델로 대체되었다. 그런데 러더퍼드의 모델에도 큰 문제가 있었다. 러더퍼드의 모델대로라면 텅 빈 공간을 돌고 있는

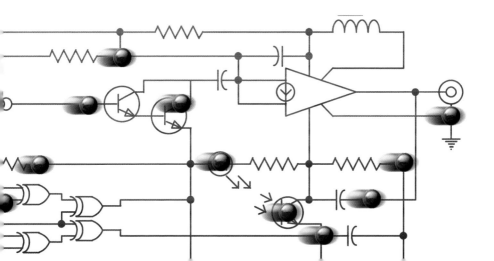

전자들은 빛을 방출하지만 원소는 빛을 방출하지 않는다. 따라서 음으로 하전된 전자들은 양으로 하전된 핵과 충돌할 수밖에 없다. 그러나 실제로는 그렇지 않다.

### 에너지의 지속적인 흐름?

독일 물리학자 막스 플랑크는 에너지는 지속적인 흐름이 아닌 별개의 패킷, 즉 '양자'의 형태로 움직인다고 주장해왔다. 아인슈타인은 1905년 논문에서 빛에 관해서는 플랑크의 주장이 옳다는 사실을 증명했다.

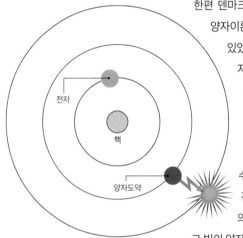

전자

핵

양자도약

보어 효과

한편 덴마크의 코펜하겐에서 닐스 보어는 막스 플랑크의 양자이론이 전자에도 적용될 수 있을지 궁금증을 품고 있었다. 연구 끝에 보어는 전자가 핵 주변을 돌고 있지만 고정 상태의 에너지를 갖는다는 새로운 원자 모형을 제시했다(보어는 이를 '정지궤도'라고 했다). 이 모형에서 보어는 에너지가 가장 낮은 준위에서는 전자의 개수가 최대 두 개인데, 이것들은 고정된 정지궤도일 때보다 핵에 가까워질 수 없다고 했다. 그리고 다음 에너지 준위에서는 전자가 최대 여섯 개가 될 것이라고 했다. 보어의 모형에서 모든 에너지 준위는 양자화되어 있고 빛의 양자처럼 크기와 에너지가 정해져 있었다. (빈 공간이 있다면) 에너지의 양이 정해져 있는 상태에서 전자는 더 높은 에너지 준위로 올라갈 수 있지만, 전자가 원래 상태로 돌아오면 같은 양의 에너지를 방출할 것이다. 보어는 프랭크와 헤르츠가 관찰했던 4.9전자볼트 간격으로 나타났던 변화는 수은 원자가 지니고 있는 두 양자 에너지의 차이이며, 이 경우에는 수은 원자 내의 전자들은 더 높은 준위의 들뜬 상태가 될 수 있다고 했다.

한편 보어는 전자가 원래의 상태로 돌아오면 254나노미터 파장에서 자외선을 방출할 것이라고 주장했었다.

1914년 5월, 프랭크와 헤르츠는 수은은 254나노미터에 가까운 빛을 방출하기 때문에 들뜬 상태의 원자가 다시 '바닥 상태'로 돌아갈 것이라는 내용의 두 번째 논문을 발표했다.

## 결과의 합리성

이로써 프랭크와 헤르츠의 첫 번째 연구 결과가 터무니없는 주장이 아니라는 사실이 입증됐다. 수은 원자 속의 전자는 4.9전자볼트 미만인 상태에서는 절대로 들뜬 상태가 될 수 없다. 4.9전자볼트는 양자화된 에너지가 이동할 수 있는 최소 간격이었던 것이다. 즉 4.9전자볼트가 채워져야 다음 준위로 넘어갈 수 있다.

전압이 4.9전자볼트 미만인 경우 전자는 수은 원자에 대해 튕겨 나가고, 그리드와 양극에서는 계속 움직이는 상태에 머물러 있다. 대부분의 전자는 수은 원자와 충분히 충돌해야 수은을 들뜬 상태로 만들 수 있다. 반면 들어오는 전자는 충분한 에너지가 없어도 전극까지 이동할 수 있다. 따라서 전류가 0 가까이로 떨어지는 것이다.

전압이 9.8전자볼트에 도달했을 때 거의 모든 전자가 두 개의 수은 원자와 충돌한다. 이 과정이 끝나기 전까지는 차례로 충돌하다가 들뜬 상태에 도달한다. 그러다가 다시 한 번 전압이 0에 가까운 상태로 떨어진다. 들뜬 상태의 전자가 원래의 양자 에너지 준위로 돌아가자마자 모든 들뜬 상태의 수은 원자는 254나노미터 스펙트럼에서 글로가 생성되기 시작한다.

따라서 첫 번째 실험은 이제 막 떠오르는 양자역학의 이론적 타당성을 입증한 것이었다. 이 연구를 통해 전자는 특정한 새로운 목표로 '이동하지 않고' 나타났다가 사라졌다가 할 수 있다는 사실이 밝혀진 것이다. 이는 마치 화성이 새로운 궤도에 불쑥 나타났다가 다시 원래의 궤도에 진입하면 사라지는 모습과 흡사하다. 이것이 바로 '양자도약'이다.

# CHAPTER 5 : 물질의 세계로 더 깊이 빠져들다:
## 1915~1939년

20세기에 들어서면서 물리학은 점점 더 생소하고 불가사의하게 변해갔다. 1915년 아인슈타인은 중력이 시공간을 어떻게 왜곡시키는지 증명했고, 러더퍼드는 한 원소를 다른 원소로 바꿀 수 있다는 사실을 증명하며 연금술사들의 꿈을 현실로 만들었다. 벨기에 출신의 사제이자 천문학자인 조르주 르메트르는 태초의 우주는 '우주의 알' 형태로 시작됐다고 주장했다. 프랑스의 귀족 출신 물리학자 루이 드 브로이는 전자는 파동처럼 움직일 것이라는 황당한 이론을 내놨는데, 벨연구소의 데이비슨과 저머가 이 이론이 사실임을 증명했다. 알

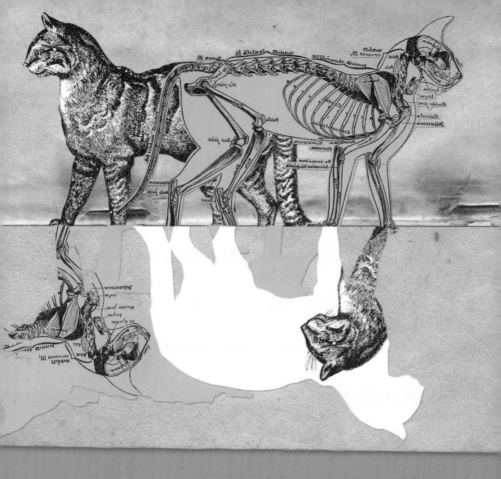

고 보니 전자는 파동과 입자의 성질을 동시에 지니고 있었던 것이다. 폴 디랙은 반물질의 존재를 예측했고, 1932년 캘리포니아공과대학교의 칼 앤더슨이 반물질을 발견했다. 하이젠베르크는 원자의 척도에서는 위치와 속도를 정확하게 측정하는 것이 원래 불가능하다고 주장하며, '정밀한 측정'을 추구하는 성향에서 벗어났다. 이제 물리학은 불확실성의 세계로 빠져들었다.

**연구자:**
알베르트 아인슈타인

**연구 분야:**
일반상대성이론

**결론:**
시계와 빛은 중력의 영향을
받는다.

# 중력과 가속도는 어떤 관계일까?

## 아인슈타인의 일반상대성이론

갈릴레이는 큰 물체와 작은 물체는 등속으로 낙하한다는 사실을 증명했다. 이제부터 조금 다른 얘기를 해보려고 한다. 여러분이 추락하는 엘리베이터 안에 있다고 해보자. 엘리베이터 안에서 손에 쥐고 있던 토마토를 놓치더라도 토마토는 공중에 그대로 떠 있다. 엘리베이터는 물론이고 여러분과 토마토도 등속으로 낙하할 것이므로 토마토는 원래 있던 자리에 있으려고 한다. 이때 세 물체는 모두 자유낙하운동을 한 것이다.

우주비행사가 우주선을 타고 지구의 궤도를 돌 때도 자유낙하운동을 한다. 우주선 안에서 우주비행사는 자신의 무게를 느끼지 못하지만, 실제로는 중력이 우주비행사와 우주선을 궤도에 붙들어놓기 위해 지구 방향으로 강하게 끌어당기고 있다. 이 우주비행사가 토마토를 떨어뜨린다면 여러분이 엘리베이터에서 추락할 때처럼 토마토는 공중에 뜬 상태 그대로일 것이다.

로켓 엔진이 작동을 하고 로켓이 지구에서 이륙하기 전까지 우주비행사는 로켓 뒤쪽으로 힘을 받는다. 이때 이 힘이 로켓 뒤쪽에 있는 물체의 중력에 의한 것인지 아니면 로켓의 가속에 의한 것인지 구별할 수 없다. 다시 말해 중력과 가속에 의한 관성력이 같다는 것이다. 이것이 바로 아인슈타인이 연구를 하며 가장 행복을 느꼈다던 '등가원리'다.

로켓에서

지구 표면 위의
정지 상태에서

## 가속도와 시계

우주선의 뒷부분에는 이상한 시계가 달려 있다. 이 시계는 매초 10배 빠른 섬광을 쏘는 스트로보 섬광이다. 우주선이 지구에 수평인 방향으로 눕혀진 정지 상태에 있을 때, 매초 10배 빠른 섬광이 우주선 앞부분을 쏘고 있다. 반면 우주선이 공간을 통과하면서 움직이는 속도에 가속도가 붙으면 도착 파장이 감소한다. 우주선 뒷부분에는 여전히 매초 10배 더 빠른 섬광이 남아 있지만 이러한 각각의 섬광들 사이에서 우주선의 속도는 점점 더 빨라진다. 그러나 섬광이 우주선의 앞부분까지 도달하기까지는 점점 더 많은 시간이 걸린다. 즉 섬광은 1초에 평균 9배의 속도로 도달한다.

따라서 (우주선의) 기준계에 가속에 붙으면서 앞쪽에 있는 관찰자의 입장에서는 뒤쪽에 있는 시계가 천천히 돌아가는 것처럼 느껴진다. 이 신호는 중력적 적색편이의 영향을 받기 때문이다(136쪽 참고). 가속도와 중력의 효과가 같다면 강한 중력장에서는 시계가 천천히 돌아가는데, 이것을 '중력의 시간지체'라고 한다.

반대로 가속도나 중력을 받는 상태에서 스트로보가 우주선의 앞쪽에서 섬광을 쏘고 관찰자가 뒤쪽에 있을 때, 뒤쪽에 있는 관찰자는 시계가 빨리 돌아간다고 느낀다. 이는 중력적 청색편이 때문이다.

1915년 아인슈타인이 발표한 중력파 이론은 그동안 여러 실험을 통해 검증됐다. 첫 번째 시도는 1960년 로버트 파운드와 글렌 레브카의 실험이었다. 두 사람은 22미터 높이의 탑에서 감마선을 통과시켰는데 예상했던 대로 파장이 이동됐다.

## 원자시계 이용하기

1971년 10월, 중력파에 관한 이보다 더 극적인 실험이 있었다. 물리학자 조지프 하펠레와 우주비행사 리처드 키팅은 미국 해군천문대에서 공동으로 원자시계를 연구하고 있었다. 이들은 4개의 초정밀 원자시계를 상업용 여객기에 장착시키고 전 세계를 비행하게 했다.

처음에는 동쪽 방향으로, 그다음에는 서쪽 방향으로 이동했다. 그리고 이 시계에 나타난 시각과 미국 해군천문대의 원자시계에 나타난 시각을 비교했다.

지구가 정지한 상태에서의 기준계를 비교했을 때, 일반상대성이론에 의하면 공기 중의 모든 시계는 지면의 시계보다 더 빨리 움직일 것이다. 9,000~12,000미터에서 중력이 더 작기 때문이다.

한편 특수상대성이론에 의하면 지구 표면과 같은 방향에서 동쪽으로 가는 시계는 지면보다 더 빨리 움직였기 때문에 더 느리게 이동하는 것처럼 보일 것이다. 반대로 서쪽으로 이동하는 시계는 지구 표면의 정지 상태에 있는 시계보다 더 천천히 움직이기 때문에 더 빨리 이동하는 것처럼 보일 것이다. 두 사람이 이 다양한 효과들에 대해 최종적으로 내린 결론에 의하면, 동쪽 방향으로 이동했던 시계는 약 50나노초(1초의 10억 분의 1)가 늦어지고, 서쪽 방향으로 이동했던 시계는 약 275나노초가 빨라질 것으로 예상됐다. 실제로 예상 수치와 측정 결과는 일치했다.

## 중력과 빛

중력은 가속과 등가이므로 중력은 광선도 휘게 할 것이다. 우주선이 이륙할 때 우주선을 관통하는 레이저를 쏘면, 우주선 안에 있는 비행사는 빛이 아래로 휘는 것처럼 보인다. 이 현상이 바로 가속도에 의해 빛이 휘어지는 현상이다. 빛은 매 순간 직선운동을 하고 있지만, 가속도에 의해 우주선 내부의 공간이 휘어지므로 빛의 경로가 휘어지게 된다. 아인슈타인은 한 가지 더 놀라운 주장을 했다. 이때 중력에는 힘이 없다는 것이었다. 대신 지구처럼 질량이 큰 물체 가까이에서는 시공간(97쪽 참고) 자체가 휘어지므로, 우주선과 우주비행사의 자연 법칙에 따른 운동은 뉴턴의 법칙처럼 직선이 아닌 궤도로 이루어지는 것이다.

# 납을 금으로 만들 수 있을까?

## 원소 변환의 한계

**연구자:**
어니스트 러더퍼드

**연구 분야:**
원자물리학

**결론:**
원소는 변환될 수 있으나 납을 금으로 만들 수는 없다.

러더퍼드는 알파 입자(알려진 바와 같이 헬륨핵)를 이용하여 원자의 새로운 구조를 찾아내는 성과를 이룩했다. 이번에 그는 헬륨핵을 충돌시키는 데 사용했던 장치를 이용하여 질소를 산소로 변화시켰다.

그는 알파 입자가 공기를 뚫고 들어갈 수 없다고 알고 있었다. 그런데 이 알파 입자가 공기 분자와 만났을 때 특이한 방사선이 방출되는 현상을 본 것이다. 그는 "이 방사선은 알파 입자의 범위를 훨씬 넘는 황화아연 스크린에 신틸레이션을 생성시켰다. 또 원자가 빠르게 이동하면 신틸레이션이 생기는데, 이때의 원자들은 양전하를 갖고 자기장에 의해 편향됐다. 한편 수소가 알파 입자의 경로를 통과할 때 생성된 원자들이 빠르게 움직이고 있었는데, 이 원자들과 수소 원자들은 같은 범위와 같은 에너지를 갖고 있었다"고 했다.

라듐 C의 강한 소스는 금속 상자 안에 끝부분에서 3센티미터 정도 위치에 놓여 있었다. 그리고 이 상자의 끝부분에 있는 구멍은 약 6센티미터의 공기에 해당되는 저지능(하전 입자가 물질의 단위 길이를 주행했을 때 잃는 에너지-편집자주)을 갖는 은판으로 덮여 있었다. 황화아연 스크린은 바깥쪽에 은판에서 약 1밀리미터 떨어진 위치에 설치되어 있었는데, 이것들 사이에서 흡수 포일이 공기를 유입하는 역할을 할 수 있도록 하기 위해서였다. … 상자 안의 공기는 모두 배출됐다. … 건조된 공기나 이산화탄소가 용기에 들어갔을 때, 신틸레이션 수는 가스 기둥의 저지능을 통해 예상했던 것과 대략 같은 수치로 감소했다. 그런데 건조된 공기가 유입됐을 때

놀라운 반응이 관찰됐다. 신틸레이션 수가 감소하지 않고 증가한 것이었다. 약 19센티미터에 해당되는 공기가 흡수됐을 때의 신틸레이션 수는 공기가 완전히 배출됐을 때 신틸레이션 수의 두 배였다. 이 실험을 통해 다음 사실이 확실해졌다. 공기가 지나가는 통로에 있는 알파 입자가 신틸레이션의 범위를 넓히고, 그 범위는 겉으로 보기에 수소 신틸레이션의 밝기와 비슷한 정도라는 것이다.

러더퍼드는 산소가 신틸레이션을 생성하지 않는다는 것과 공기의 99퍼센트는 산소와 질소의 혼합물이라는 사실을 이미 알고 있었다. 따라서 그는 질소 분자와 함께 알파 입자를 충돌시킴으로써 방사선이 생성됐을 가능성이 있다고 생각했던 것이다.

## 질소 원자와 충돌시키다

그리하여 러더퍼드는 순수 질소 가스를 알파 입자와 충돌시키고, 그 생성물들 속에서 수소 원자핵을 다시 관찰했다. 현재 우리는 이 생성물을 H$^+$나 양성자라고 하지만, 당시에는 H$^+$가 아직 발견되지 않았기 때문에 명칭도 없었다. 따라서 러더퍼드는 이 생성물을 수소핵이라고 불렀다. 어쨌든 수소핵이 알파 입자와 충돌하면서 질소 원자의 핵이 제거된 것이 틀림없었다.

그는 "질소와 알파 입자의 충돌로 생성되어 넓은 범위에 분포하고 있는 원자는 질소 원자가 아닌 수소 원자로 하전되어 있을 것이다…, 라고 결론을 내릴 수밖에 없다. 이것이 참이라면 결론은 수소 원자가 빠르게 움직이는 알파 입자와 밀착하여 충돌하면서 강한 힘이 생성됐고, 이 힘이 질소 원자에 가해졌을 때 질소 원자는 분해된 상태였으며, 여기에서 유리된 수소 원자는 질소핵을 이루는 구성성분이라는 것이다"라고 했다. 즉 이 실험 결과를 바탕으로 러더퍼드는 수소핵이 질소핵을 이루는 성분 중 하나이며, 나아가 모든 핵을 이루는 성분일 것이라고 추측할 수 있었다. 수소는 가장 가벼운 원소이고, 대부분의 원소의 질량은 수소 원자 질량의 배수 형태이기 때문에 그럴듯한 추측이었다. 예를 들어 수소 원자를 1이라고 할 때 각 원소의 상대 질량을 구하면 탄소는 12.0, 질소는 14.0, 산소는 16.0, 알루미늄은 27.0, 인은 31.0, 황은 32.1이다.

엄청난 강도의 힘이 발생했다는 점에 비춰보건대, 질소 원자가 알파 입자처럼 붕괴되어 그 자체가 원소가 된다는 것은 놀랄 일이 아니다. 그래서 나는 포탄과 탄환처럼 더 큰 힘을 갖는 알파 입자를 실험에 사용할 수 있다면, 더 가벼운 다양한 분자들을 붕괴시켜 핵 구조를 연구할 수 있을 것이라는 결론을 내렸다.

## 핵반응

케임브리지로 온 러더퍼드는 패트릭 블래킷에게 안개상자를 이용하여 알파 입자와 질소의 반응을 조사해볼 것을 지시했다. 1924년 블래킷은 약 23,000장의 사진을 찍었는데, 이 사진에서 이온화된 입자 415,000개의 궤적이 확인됐다. 이 중 8개의 궤적에서는 알파 입자와 질소의 충돌로 인해 불안정한 불소 원자가 생성되고, 이것이 또 붕괴되어 산소 원자와 양성자 한 개가 생성됐다.

[N+He→[F]→O+H]

1920년 러더퍼드는 수소핵이 모든 원소를 구성하는 기본 구조, 즉 새로운 기본 입자라는 결론을 내리고 수소핵에 양성자라는 이름을 붙였다. 이듬해인 1921년 러더퍼드는 닐스 보어와 공동 연구를 하며 대부분의 원자핵에는 전기적으로 중성인 입자가 있고 이것이 양으로 하전된 양성자의 반발하는 힘을 약화시킬 수 있다는 주장을 했다. 그리고 러더퍼드는 이 입자에 중성자라는 이름을 붙였다.

**연구자:**
아서 에딩턴,
프랭크 왓슨 다이슨,
C. 데이비드슨

**연구 분야:**
천체물리학

**결론:**
아인슈타인이 옳았다.

# 아인슈타인이 옳다고
# 증명된 것일까?

### 일반상대성이론의 실질적 증명

아인슈타인의 상대성이론에 대해서는 논란이 많았다. 이 이론을 입증할 방법이 있었을까? 1882년 영국 켄들에서 출생한 아서 에딩턴(Arthur Stanley Eddington)은 퀘이커교도에 평화주의자였다. 31세의 나이에 케임브리지대학교 천문학과 교수가 되고 탁월한 직관력을 가졌던 그는 별의 구조라든지 별의 에너지가 생성되는 원리 등의 주제를 상상하는 능력이 뛰어났다. 여기에 그치지 않고 그는 자신의 직관을 뒷받침할 수 있는 증거를 궁리하고 찾아다녔다.

에딩턴은 아인슈타인의 상대성이론을 접하자마자 홀딱 빠져들었다. 당시 영국과 독일은 전시 상태였던 터라 강경한 애국주의자들은 아인슈타인의 상대성이론에 관심을 보이지 않았다. 그러나 평화주의자였던 에딩턴은 양국의 관계와는 상관없이 아인슈타인의 상대성이론을 연구했고 끝내 영국을 대표하는 상대성이론주의자가 되었다.

그리하여 그는 왕실 천문관인 프랭크 왓슨 다이슨(Frank Watson Dyson)과 공동 연구를 하게 되었다. 1919년 5월 29일, 다이슨과 에딩턴은 영국 정부를 설득하여 재정을 지원받아 아인슈타인의 상대성이론을 뒷받침할 증거를 수집하기 위한 탐사 여행을 떠났다.

## 예측

일반상대성이론에 의하면 광선은 중력 때문에 휜다. 원거리 별에서 온 빛이 태양 가까이를 지난다면 엄청난 중력장으로 인해 광선은 태양 쪽으로 당겨질 것이다. 따라서 별의 위치가 약간 잘못된 것처럼 보인다.

평상시에는 이 현상을 관찰하는 것이 불가능하다. 태양에서 오는 빛 때문에 원거리의 별들이 태양의 가장자리(혹은 언저리)를 막 지나치는 것처럼 보이는 현상을 관찰할 수 없다. 그런데 개기식이 일어나는 동안에는 태양 광선이 달에 가려진다. 바로 이때 겨우 몇 초 동안 이러한 원거리 별들을 볼 수 있다. 개기식이 일어날 때 사진을 찍어뒀다가 나중에 다른 사진들과 비교하면 원거리 별들의 위치를 확인할 수 있는 것이다.

예상컨대 원거리 별들의 위치 차이는 미미할 것이었다. 일반상대성 이론이 옳다면 빛은 아주 작은 각도라도 휘어져야 한다. 원은 360도로 나뉘고, 1도는 60분으로 나뉘며, 1분은 60초로 나뉜다. 게다가 별들은 실제보다 훨씬 멀리 떨어져 있는 것처럼 보인다. 뉴턴의 중력 법칙에 의하면 별빛은 0.87초(1초 미만)만큼 휘어질 것이다. 반면 아인슈타인의 상대성이론에 의하면 빛은 1.75초, 즉 0.87초의 정확하게 두 배만큼 휘어야 한다.

## 지구의 어느 곳에서 이 현상을 관찰할 수 있을까?

일식의 경로는 브라질에서 시작하여 대서양을 경유하고 중앙아프리카를 거쳐 탕가니카 호까지 이를 것으로 예상됐다. 그리하여 다이슨과 에딩턴은 만약에 대비하기 위해 탐사팀을 두 그룹으로 나누었다. 데이비드슨이 이끄는 첫 번째 그룹은 브라질의 소브라우로 향했고, 에딩턴이 이끄는 두 번째 그룹은 중앙아프리카 서쪽의 기니아 만에 있는 프린시페 섬으로 갔다.

## 일식이 있던 날

일식이 있던 1919년 5월 29일 아침 브라질의 날씨는 흐렸다. 그리고 '첫 번째 접촉(달이 태양의 표면을 가로지르기 시작할 때)' 시점에 하늘의 10분의 9가

량이 구름에 가려졌다. 하지만 탐사팀은 줄지어 세워놓은 망원경으로 태양을 뚜렷하게 관찰할 수 있었다. 구름이 서서히 걷히면서 개기식이 일어나기 1분 전, 태양 주변에 뚜렷한 공간이 생겼다. 태양이 사라지자 탐사팀은 메트로놈을 켰다. 그중 한 사람은 열 박자에 한 번씩 소리를 외쳤다. 탐사팀은 이런 방법으로 카메라 노출 시간을 쟀고, 카메라 두 개를 이용하여 총 27장의 사진건판을 노출시켰다.

프린시페 팀은 이보다 운이 나빴다. 오후 2시 15분 일식이 있을 예정이었는데, 하필 그날 아침에 심한 천둥 번개가 쳤던 것이다. 거의 오전 내내 하늘에는 짙은 구름이 드리워져 있었고 1시 55분이 되자 구름이 걷히면서 태양을 볼 수 있었다. 탐사팀은 간신히 사진건판 열여섯 장을 노출시켰지만 쓸모 있는 사진은 고작 일곱 장뿐이었다.

설상가상으로 증기선회사까지 파업을 하여 프린시페 팀은 몇 달 동안 섬에 갇혀 있다가 7월 14일 겨우 영국으로 돌아올 수 있었다.

## 탐사 결과와 결론

장장 45쪽에 달하는 탐사 보고서의 내용은 도표와 계산이 대부분이었다. 탐사 결과를 바탕으로 계산한 빛이 휘어지는 각도는 아래와 같았다.

> 브라질: 1.98±0.12초
> 프린시페: 1.61±0.30초

이는 뉴턴의 법칙에 의한 0.87초보다 아인슈타인의 상대성원리에 의한 1.75초에 더 가까운 수치였다. 아인슈타인의 상대성원리가 옳다는 것을 입증하는 강력한 증거가 된 셈이었다(±는 추정 오차를 의미한다. 예를 들어 브라질의 경우, 빛이 휘어지는 각도는 1.86초와 2.10초 사이라는 뜻이다).

# 입자는 회전을 할까?

## 슈테른-게를라흐 실험

**1922**
## 연구

**연구자:**
오토 슈테른, 발터 게를라흐

**연구 분야:**
원자물리학, 양자역학

**결론:**
전자의 스핀은 두 방향이다.

1920년경 학자들 사이에서는 최신 학문인 양자역학과 원자의 구조에 관한 논쟁이 잦았다. (러더퍼드의) 고전적 원자 모델에서는 음으로 하전된 전자가 양으로 하전된 핵 주변에 가까워졌다가 멀어졌다가 한다고 보았다. 이는 곧 전자가 아주 작은 자석처럼 움직인다는 관점이다. 따라서 학자들은 원자 빔 하나가 자기장을 통과할 때 자기장이 균일하지 않아서 N극이 S극보다 더 강하면(반대의 경우도 마찬가지다) 자기장이 이 작은 자석, 즉 전자를 끌어당기거나 밀어내기 때문에 빛이 휘어진다고 생각했다. 그렇다면 어느 방향에나 원자가 있을 것이다. 따라서 고전이론에서는 빔이 모든 방향으로 퍼져나갈 것이라고 예상했다. 이 말이 옳다면 빔은 화면에서 넓은 부위에 걸쳐 형성되어 있을 것이다.

## 입자의 스핀값

양자역학의 선구자인 닐스 보어는 이러한 입자의 자기모멘트(혹은 '스핀')값은 +1/2과 -1/2, 이 두 개뿐이라고 했다. 그렇다면 원자의 방향에는 어떤 차이도 있을 수 없다. 이것이 바로 스핀(소립자가 갖는 성질의 하나. 소립자가 어떤 축의 주변을 회전하는 것같이 행동할 때 이 소립자에는 스핀이 있다고 함-편집자주)의 양자적 특성이다. 이 말이 옳다면 빔은 두 개로 쪼개지고, 화면에는 두 개의 점이 나타나야 한다.

이 문제만 명쾌하게 해결된다면 양자이론과 고전이론 사이의 논쟁은 끝날 것이었다. 슈테른-게를라흐 실험은 이 논쟁을 잠재운 결정적인 계기였다. 지금의 폴란드 지역에서 태어난 독일계 유대인 오토 슈

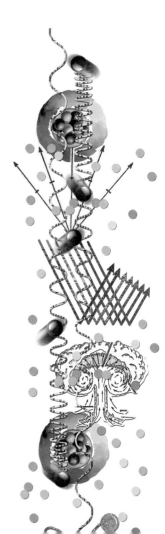

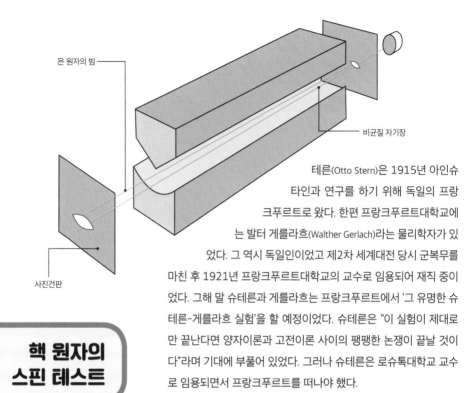

은 원자의 빔

비균질 자기장

사진건판

테른(Otto Stern)은 1915년 아인슈타인과 연구를 하기 위해 독일의 프랑크푸르트로 왔다. 한편 프랑크푸르트대학교에는 발터 게를라흐(Walther Gerlach)라는 물리학자가 있었다. 그 역시 독일인이었고 제2차 세계대전 당시 군복무를 마친 후 1921년 프랑크푸르트대학교의 교수로 임용되어 재직 중이었다. 그해 말 슈테른과 게를라흐는 프랑크푸르트에서 '그 유명한 슈테른-게를라흐 실험'을 할 예정이었다. 슈테른은 "이 실험이 제대로만 끝난다면 양자이론과 고전이론 사이의 팽팽한 논쟁이 끝날 것이다"라며 기대에 부풀어 있었다. 그러나 슈테른은 로슈톡대학교 교수로 임용되면서 프랑크푸르트를 떠나야 했다.

## 승리

1922년 초, 프랑크푸르트대학교에서 게를라흐는 혼자서 자기장을 이용하여 은 원자에 빔을 쐈다. 보어와 조머펠트의 최신 이론대로라면 은의 핵에는 스핀이 있어야 했다. 먼저 게를라흐는 균질 자기장에 빔을 쐈다. 그랬더니 화면에 두꺼운 선이 나타났다. 그다음에 그는 비균질 자기장을 만들어 빔을 쐈다. 그런데 두꺼운 선이 중앙에서 퍼지다가 두 개의 선으로 갈라지는 것이었다. 이 선은 마치 입술 자국처럼 위와 아래로 나뉘어 있었다. 이 실험 결과에 의하면 양자이론, 그러니까 보어와 조머펠트 모델의 승리인 듯했다.

## 그러나…

안타깝게도 보어와 조머펠트가 틀렸다. 은의 핵에는 스핀이 없었던 것이다. 3년 후 조지 월렌백과 호우트스미트가 전자에 핵이 있다는 사실을 발표하기 전까지는 아무도 이 사실을 몰랐다. 은 원자에는 23쌍의 전자가 있고 전자 하나만 바깥에 고립돼 있었는데, 고립된 원자의 스핀이 빔을 쪼개고 있었던 것이다(리튬, 붕소, 질소, 불소를 포함하여 은까지, 원자의 수가 홀수인 모든 원소는 홀수의 전자를 갖는다).

추론 과정에는 오류가 있었지만 결국 슈테른-게를라흐 실험이 옳았던 것으로 밝혀졌다. 두 사람은 스핀이 두 개의 값만 가질 수 있다는 자기장 내 방향 양자화에 대한 가장 직접적인 증거를 최초로 제시했으므로, 이 실험은 성공한 셈이다.

이후 유사 실험을 통해 일부 원자핵에는 스핀이 있다는 사실이 확인됐다. 1930년대 이지도어 라비는 스핀이 서로를 밀어낼 수 있다는 사실을 증명했고, 이는 병원에서 사용하는 자기공명영상기술의 바탕이 됐다. 그리고 1960년대에 노먼 램지는 라비의 장치를 수정하여 원자시계를 제작했다.

실제로 슈테른-게를라흐 실험을 한 사람은 게를라흐였으나, 게를라흐가 나치에 협력했다는 이유로 슈테른에게만 노벨상이 돌아갔다. 물론 게를라흐는 나치 협력 사실을 부인했지만 말이다. 여러 가지 문제는 있었지만 슈테른-게를라흐 실험은 여전히 양자물리학계에 한 획을 그은 위대한 실험으로 손꼽히고 있다.

# 1923~1927
## 연구

**연구자:**
클린턴 데이비슨,
레스터 저머

**연구 분야:**
양자역학

**결론:**
전자는 입자성과 파동성을 동시에 지니고 있다.

# 입자에도 파동의 성질이 있을까?

## 파동-입자 이중성

물질은 입자성을 가질까, 아니면 파동성을 가질까? 아니면 둘 다일까? 1924년 프랑스의 물리학자 루이 드 브로이는 박사학위 논문에서 전자는 파동성을 지닐 것이라고 했다. 그러다가 그는 모든 물질이 파동성을 지닌다는 과감한 주장까지 내놓았다. 이런 파격적인 견해는 고전물리학자들 사이에서는 혐오의 대상이었으나, 양자물리학이 점점 힘을 얻고 있던 시절이라 일부 학자들 사이에서는 어느 정도 지지를 받았던 듯하다. 파격적인 이론보다 더 중요한 사실은 루이드 브로이가 입자 에너지에 대한 파장 방정식을 유도했다는 것이다.

1905년 아인슈타인은 광전효과에 관한 논문에서 빛이 파동성과 입자성을 동시에 지닌다는 사실을 드디어 밝혀냈다. 이것이 바로 우리가 알고 있는 광양자라는 개념이다. 그렇다면 빛의 파동-입자 이중성이 다른 물질에도 적용될 수 있을까? 이에 괴팅겐대학교의 발터 엘자서라는 물리학자는 결정성 고체를 산란시켜 물질의 파동성을 조사할 수 있다고 주장했다.

1923년 아서 콤프턴이 흑연에 엑스선을 산란시켰더니 (전자기 방사선의 또 다른 형태로) 덩어리가 발견됐는데, 이 덩어리는 입자와 비슷한 움직임을 보였다.

## 실험

1927년 미국 뉴저지의 벨연구소에서 클린턴 데이비슨(Clinton Davisson)과 레스터 저머(Lester Germer)는 니켈 금속의 표면 구조를 밝혀내기 위해 전자빔으로 니켈 금속에 강한 충격을 가했다. 이들은 와이어

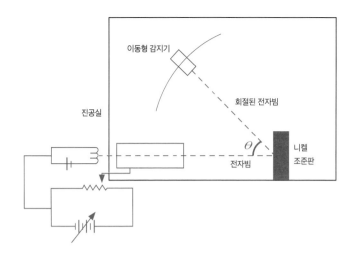

이동형 감지기

진공실

회절된 전자빔

니켈
조준판

$\theta$

전자빔

전자의
산란

필라멘트를 가열하여 전자빔을 생성시킨 다음, 빔의 에너지를 다양하게 변화시키기 위해 적절한 전압으로 전자빔에 가속을 줬다. 그리고 전압이 50볼트에서는 50전자볼트의 에너지를 갖도록 만들었다.

두 사람은 니켈 표면에 수직으로 빔을 쏘고 난 뒤, 이동형 감지기를 이용해 반사각을 측정했다. 이들은 거친 표면이 모든 방향에서 임의로 전자를 산란시킬 것이라 예상했는데 실제 실험 결과도 똑같았다. "전자는 … 충돌하는 속도로 모든 방향에서 산란되었다." 그런데 이들이 예상치 못했던 실험실 사고가 터졌다.

## 행복한 사고

모든 장치에는 공기 분자와의 충돌을 막기 위해 진공박스가 들어 있었다. 그런데 운이 나쁘게도 공기가 진공박스로 새어 들어가는 바람에 니켈에 산화니켈막이 형성됐던 것이다. 데이비슨과 저머는 산소를 제거하기 위해 니켈을 고온으로 가열했다. 그런데 당시 이들은 고온이 니켈 표면을 변화시켜 표면에 작은 결정체 덩어리를 생성시킨다는 사실을 모르고 있었다. 니켈 표면을 가열했더니 전자빔을 쐈을 때보다 더 넓은 면적에 더 큰 결정체 덩어리가 생겨버렸다. 하는 수 없이 이들은 다시 실험을 했다. 그런데 이번에는 전자빔이 니켈의 결정체를 하나씩 산란시키고 있었다.

이제 두 사람은 전자빔의 일부는 임의로 산란되지만 어떤 전자들은 특정한 전압과 각도에서 제거될 수 있다는 사실을 알아냈다. 가령 전류에 54볼트로 가속을 주면 편향된 빔의 최대 각도는 50도다.

사실 엑스선 회절은 오래전부터 결정체 구조를 분석하고 각도를 측정하여 원자층 간 거리를 계산하는 데 사용되고 있었다. 따라서 결정체는 원자층으로 구성되어 있고 각도만 잘 맞추면 이 원자층이 엑스선에 대해 거울과 같은 역할을 할 수 있었다. 윌리엄 브래그와 로렌스 브래그는 이 원리를 이용해 엑스선이 특정한 각도에서는 결정체를 산란시킨다는 사실을 증명했고, 1915년 '엑스선을 이용한 결정 구조 분석에 대한 공로를 인정받아' 노벨물리학상을 수상했다.


## 파동과 입자

데이비슨과 저머는 특정한 전압에 도달하면 날카로운 전자빔 세트들이 특정한 각도의 결정체로부터 산란되고 각 세트당 3개 혹은 6개의 빔이 들어 있다고 발표했다. 이 중 20세트는 엑스선 빔과 같은 각도에서 제거됐다. 한마디로 이들은 전자가 엑스선과 유사한 성질을 보일 수 있다는 사실을 발견한 것이었다. 그러니까 전자는 파동처럼 움직이고 있었다.

이 실험을 하기 전에 전자는 음으로 하전된 입자에 불과했으나 이제 파장의 성질을 동시에 지니고 있다는 사실이 밝혀졌다. 콤프턴 효과는 입자설의 관점에서 빛의 파장이 질량을 갖는다고 보므로, 어떤 면에서 이는 콤프턴 효과와 반대되는 현상이었다. 결론적으로 데이비슨과 저머는 파동이 입자처럼 반응하듯이 입자가 파동처럼 반응한다는 사실을 증명한 것이다.

# 모든 것은 불확실한 것일까?

## 하이젠베르크의 불확정성 원리

우리는 입자가 어떻게 움직이는지 안다고 해도 동시에 입자가 어디에 있는지는 알 수 없다. 독일 물리학자 베르너 하이젠베르크(Werner Karl Heisenberg)는 양자역학의 선구자로 손꼽히는 인물이다. 그는 1901년 독일 뷔르츠부르크에서 출생하여 뮌헨과 괴팅겐에서 물리학과 수학을 전공했다. 1924년 말 닐스 보어와의 연구를 위해 코펜하겐으로 떠난 그는, 양자역학을 수리적으로 증명하기 위한 연구를 하다가 1927년 불확정성 원리라는 개념을 제시하기 시작했다.

## 1927
## 연구

**연구자:**
베르너 하이젠베르크

**연구 분야:**
양자역학

**결론:**
미세한 입자의 영역에서 절대적으로 확실한 것은 존재하지 않는다.

## 사고 실험

하이젠베르크는 전자의 존재가 당연하다고 주장할 수 없는 이유는 우리가 전자의 궤도를 실제로 관찰할 수 없기 때문이라고 했다. 전자는 한 궤도에서 다른 궤도로 도약할 때 빛을 방출하거나 흡수한다. 그런데 우리는 이러한 전자의 움직임을 눈으로 볼 수 없다. 따라서 하이젠베르크는 눈에 보이지 않는 사실은 관찰할 수 없고, 관찰할 수 없는 것은 그 존재를 확실히 알 수 없다고 보았던 것이다. 이런 그이니, 핵 주변에서 전자가 고정 궤도를 돈다는 초창기 양자론의 모델을 좋아할 리가 없었다.

따라서 그는 다음과 같은 사고 실험을 했다(95쪽 참

고). 일반적으로 현미경은 빛의 파장을 이용하여 이미지를 만들고 그 이미지는 우리 눈에 상으로 맺힌다. 즉 태양이나 램프가 현미경의 표본을 비추면 이 빛의 일부가 현미경 관 위로 산란되고 렌즈와 거울을 통해 우리 눈으로 전달되는 것이다. 원래 하이젠베르크는 전자를 직접 눈으로 관찰하려 했으나, 가시광선의 파장이 너무 길어서 빛의 파장 원리를 이용한 일반 현미경으로는 전자를 관찰하는 것이 불가능했다.

해상도를 높이기 위해 그는 빛 대신 감마 파장을 이용하는 현미경을 상상했다. 감마 파장은 빛의 파장과 비슷하지만 파장의 길이가 짧다. 따라서 그는 감마 파장을 이용하면 초고해상도의 현미경을 만들 수 있으므로 전자를 직접 관찰해서 전자의 위치를 찾을 수 있으리라 생각했다.

## 문제

그러나 문제는 감마 파장이 광선보다 훨씬 더 많은 에너지를 갖고 있다는 점이었다. 감마 파장이 전자를 산란시킬 때 너무 많은 에너지가 방출되어 전자가 튕겨나가거나 어느 방향으로 밀려날지도 몰랐다. 만일 하이젠베르크가 전자의 위치를 정확하게 알고 싶다면 감마 파장보다 더 많은 에너지가 있어서 전자를 이보다 더 세게 밀어낼 수 있는 또 다른 에너지가 있어야 했다.

그가 전자의 위치를 정밀하게 측정하려고 할수록 전자가 어느 방향으로 얼마나 빠른 속도로 이동하는지 점점 더 알 수 없었다. 역으로 그가 전자의 궤적을 더 정확하게 정해놓을수록 전자가 어디에 있는지 점

$$\Delta p \cdot \Delta q \gtrsim h$$

점 더 알 수 없었다.

원래 이 사고 실험은 하이젠베르크가 전자의 위치를 찾기 위해 생각해낸 아이디어였다. 그런데 이 사고 실험을 하면서 하이젠베르크는 불확정성은 측정 방법과 관련이 없다는 뜻밖의 사실을 깨달았다. 불확정성은 양자의 세계에 내재된 특성이었던 것이다.

이 놀라운 사실을 깨닫고 그는, 1927년 2월 23일 친구인 볼프강 파울리에게 편지를 썼다. 그리고 그는 수학적 증명 작업을 마친 뒤 그해에 논문을 발표했다. 이후 '하이젠베르크의 불확정성 원리'라 불린 이 이론은 양자역학에 대한 코펜하겐 해석의 기본 원칙에도 포함되어 있다.


## 절대로 같은 것은 반복되지 않는다

불확정성 원리는 언뜻 보기에 중요한 개념이 아닌 것처럼 비칠 수 있다. 그런데 별것 아닌 듯한 이 사고가 물리학의 패러다임을 통째로 바꿔놓았다. 불확정성 원리가 등장하기 전에 물리학의 세계에서는, 우리가 입자의 정확한 위치와 궤적을 동시에 알고 있으면 이 입자가 어떤 위치에 있을지 추측할 줄 알아야 한다고 보았다. 이것이 소위 아이작 뉴턴으로 대변되는 결정론적 세계관이었다.

그런데 하이젠베르크의 불확정성 원리가 등장하면서 뉴턴의 결정론적 세계관이 뿌리째 흔들리기 시작했다. 그가 입자의 위치와 궤적을 정확하게 아는 것이 불가능함을 증명했기 때문이었다.

다행히 이 사고는 양자역학의 세계에만 적용된다. 우리가 살고 있는 현실 세계에서도 불확실성은 존재하지만 너무 적어서 측정하기도 어렵고 그 중요성도 따지기 힘들다. 물론 뉴턴 물리학 덕분에 우리 인간은 달나라까지 여행을 갈 수 있다. 뿐만 아니라 앞으로도 우리는 계속 자동차를 타고 다닐 것이며 (운도 있고 재주도 있어서) 야구공을 잡을 수도 있다.

# 우주는 왜 팽창할까?

## 우주 달걀

**연구자:**
알렉산더 프리드먼,
조르주 르메트르,
에드윈 허블

**연구 분야:**
우주론

**결론:**
우주는 빅뱅에서 시작되었
으며 빠른 속도로 팽창하고
있다.

1922년, 러시아 페름국립대학교 교수 알렉산더 프리드먼(Alexandr Alexandrovich Friedmann)은 독일어로 된 복잡한 논문을 발표했다. 논문의 주제는 우주의 팽창 가능성이었다.

한편 벨기에의 가톨릭 교도 조르주 르메트르(Georges Henri Joseph Édouard Lemaître)도 우주에 관한 연구를 독자적으로 진행하고 있었다. 르메트르 역시 우주가 팽창하고 있을 가능성이 있다는 결론을 내리고, 1927년 「일정한 질량을 갖지만 팽창하는 균등한 우주를 통한 우리 은하 밖 성운들의 시선 속도의 설명」이라는 논문을 발표했다. 이 논문에서 그는 현재 허블의 법칙이라 불리는 식을 유도하고 허블상수의 근사치를 구했다. 안타깝게도 그는 이 대단한 논문을 그다지 유명하지 않은 「브뤼셀 과학학회 연보」에 발표했기에 벨기에 밖에서는 잘 알려지지 않았다. 그러나 르메트르는 영국의 케임브리지에서 아서 에딩턴 밑에서 공부를 했고 미국에서도 유학을 했기 때문에, 영어를 할 줄 아는 천문학자들 사이에서는 그의 이름이 꽤 알려져 있었다.

## 아인슈타인, 르메트르의 이론에 회의적인 태도를 보이다

아인슈타인은 르메트르가 유도한 식에는 흥미를 보였지만 우주가 팽창한다는 이론은 믿지 않았다. 나중에 르메트르는 아인슈타인이 "당신의 계산은 좋지만 물리학 이론은 말도 안 되는 소리야"라고 했던 것을 회상했다. 이후 1931년, 르메트르는 「네이처」지에 다음과 같은 내용의 논문을 발표했다.

현재 양자론의 수준에서, 나는 우주의 기원은 현재의 자연질서와 아주 다르다고 보는 것이 낫다고 생각한다. 내 이론을 양자론의 관점, 즉 열역학 법칙으로 설명해보도록 하겠다. ① 일정한 에너지의 총량은 별개의 양자로 나뉘어 있다. ② 별개로 나뉘어 있는 양자의 수는 끊임없이 증가하고 있다. 시간을 거슬러 올라가면 양자의 수가 점점 적어지고 우주의 모든 에너지는 몇 개, 더 정확히 말해 특정한 양자 하나였다.

르메트르는 처음에는 우주가 점 하나에서 팽창해왔다고 주장하다가 나중에는 이를 '창조의 순간에 폭발한 우주 달걀'이라는 표현을 사용했다. 그러나 우주가 팽창한다는 사실을 믿지 않았던 영국의 천체물리학자 프레드 호일은 이후 라디오방송에서 르메트르의 이론을 '빅뱅이론'이라며 대놓고 무시했다. 아이러니하게도 아직까지도 우주팽창론은 경멸적인 어조에서 시작된 빅뱅이론이라 불리고 있다.

처음엔 말도 안 되는 소리라고 하던 아인슈타인도 결국 르메트르의 이론이 옳다고 인정했다.

## 미국인의 등장

한편 미국 윌슨산천문대에는 에드윈 허블(Edwin Powell Hubble)이 있었다. 그는 주로 안드로메다 성운을 비롯해 케페이드 변광성이라 불리는 특수한 등급의 별들을 연구했다. 케페이드 변광성은 별빛이 밝아졌다가 흐려지는 일정한 주기가 있는데 이 현상은 며칠씩 지속된다. 또 케페이드 변광성은 주기와 광도 간 관계가 단순하다는 점에서 특히 흥미롭다. 쉽게 말해 천문학자들은 변광성의 주기를 이용해 별의 절대등급을 구할 수 있다. 이러한 까닭에 케페이드 변광성을 '표준촛불'이라고도 한다. 천문학자들은 표준촛불을 통해 별의 실제 밝기를 알아내고 별의 겉보기 등급과 비교하여 별의 거리를 구할 수 있다.

성운은 먼지 구름 혹은 가스 구름이라는 뜻을 지니고 있다. 1920년대 초반에 학자들은 모든 성운이 은하계, 다시 말해 우리 은하의 먼지 혹은 가스이고 은하계가 우주의 전부라고 여겼다. 그런데 허블이 우리 은하에서 엄청나게 먼 곳에 몇 개의 은하가 더 있다는 사실을 발견했다. 그러니까 이러한 성운들은 정말로 원거리 은하였던 것이다. 그런데 허블이 우주는 우리가 상상했던 것보다 몇 백만 광년이 더 크다는 사실을 갑자기 밝혀냈다.

### 적색편이

1929년 허블은 46개의 은하에서 적색편이를 관찰했다. 하나의 은하(혹은 별)가 지구에서 멀어지면 그 빛은 "적색으로 편이된다", 즉 빛이 스펙트럼에서 (긴 파장인) 적색 쪽으로 이동한다는 건 이미 알려져 있었다. 이제 우리는 우주 자체가 팽창되고 있기 때문에 적색편이 현상이 일어나고, 그 결과는 도플러 효과와 유사하다는 것도 알고 있다(69쪽 참고). 즉 적색편이가 많을수록 은하가 움직이는 속도가 더 빨라지므로 은하는 우리로부터 점점 멀어진다.

허블은 은하의 적색편이가 대략 거리에 비례한다는 사실을 발견했다. 쉽게 말해 더 멀리에 있는 은하일수록 더 빠른 속도로 우리에게서 멀어지고 있다는 것이다.

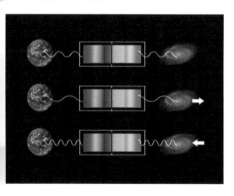

# 반물질은 존재하는가?

### 반양자와 반전자를 찾아서

## 1932
## 연구

**연구자:**
칼 앤더슨

**연구 분야:**
입자물리학

**결론:**
일반 물질 외에도 반물질이라는 것이 존재한다.

영국의 이론물리학자 폴 디랙은 양자역학과 특수상대성이론을 결합하여 자기만의 독특한 수학 스타일을 구축했다. 그는 빛의 속도로 접근하는 전자의 운동을 설명하다가 우연히 이상한 점을 발견했다. 디랙이 1928년에 발표한 방정식은 음으로 하전된 전자에 대한 식이었다. 그런데 이 방정식이 양으로 하전된 입자에도 똑같이 적용됐던 것이다.

그는 전자가 양전하와 등가의 입자를 가질 수 있으며 다른 모든 물질도 마찬가지라고 했다. 또한 양성자와 전자처럼 반양자와 반전자도 결합을 한다고 주장했다. 한마디로 그는 지금까지 한 번도 관찰된 적이 없던 반물질의 존재를 예견한 것이다. 심지어 그는 반물질이 있어야 완전한 태양계가 될 수 있을 것이라고도 했다.

> 우리가 양전하와 음전하가 완벽한 조화를 이루고 있다는 자연의 근본 원칙을 따른다면, 지구(아마도 태양계 전체)에 음전하를 띤 전자와 양전하를 띤 양자가 월등히 많다는 것도 우연히 일어난 사고라고 봐야 할 것이다. 주로 양전하를 띤 전자와 음전하를 띤 양자로 이루어진 별에서는 이것이 오히려 독특한 형태일 수도 있다. 사실 별의 절반은 양전하를 띤 전자와 음전하를 띤 양자로 이루어져 있을지 모른다. 물론 이 두 종류의 별은 정확하게 같은 스펙트럼을 나타내며 현재의 천문학 체계와 차이를 보이지 않을 것이다.

## 1911~1913년, 오스트리아

이로부터 15년 전, 대기의 이온화방사선에 관심을 갖고 있던 학자가 있었다. 그는 바로 오스트리아 물리학자 빅토르 헤스였다. 그때까지 사람들은 대기의 이온화방사선은 지구의 방사성 암석에서 온다고 여겼다. 그런데 헤스가 계산하기에 이것이 사실이라면 방사선은 지표면으로부터 500미터 높이에 이르면 사라져야 옳았다. 뭔가 이상하다고 여긴 그는 이론을 테스트해보기로 했다.

헤스는 목숨을 걸고 10차례나 기구 비행을 했다. 방사선은 1킬로미터 지점까지 감소하다가 5킬로미터 지점에서 해수면 기준으로 2배나 증가했다. 그리하여 그는 "투과능이 아주 높은 방사선은 이보다 높은 대기권에 있을 것이다"라고 결론을 내렸다. 1912년 4월, 개기일식이 시작될 무렵에 한 기구 비행을 통해 헤스는 태양이 없을 때도 방사선의 양은 감소하지 않는다는 사실을 알게 됐다. 그러니까 방사선은 태양에서 오는 것이 아닐 수 있었다. 이 광선은 헤스가 처음 발견하여 '헤스 광선'이라고 하다가, 외부인 우주에서 온다고 하여 나중에는 '우주선'으로 불리게 됐다. 밤이고 낮이고 우리한테 쏟아지는 전자기 파장과 입자의 흐름이 바로 우주선이다.

## 1932년, 캘리포니아공과대학교

한편 캘리포니아공과대학교에서 물리학과 공학을 전공한 칼 앤더슨(Carl David Anderson)은 1932년, 윌슨의 안개상자를 보완하여 우주선을 연구하기 시작했다. 원래 그는 윌슨 상자라고 불렀지만 현재는 앤더슨 상자라는 이름으로 알려져 있다.

> 1932년 8월, 수직으로 세워놓은 윌슨 상자에 찍힌 우주선의 궤적 사진을 보면, 양전하를 갖지만 일반적으로 음전하를 띤 자유전자와 계산차수가 같은 질량의 입자가 존재한다고 가정해야, 이 입자들의 존재를 설명할 수 있다.

다음은 앤더슨의 안개상자 사진 중 중요한 정보가 담겨 있는 사진이다. 한가운데에 납으로 된 벽이 있다. 우주선이 바닥에서 들어오고 자기장이 강한 왼쪽에서는 곡선을 그리고 있는 모습이 보인다. 이는 곧 양전하가 있다는 증거다. 만일 음전하가 있다면 사진의 오른쪽에 곡선이 생겨야 한다. 입자는 납으로 된 판을 통과하여 판의 반대편으로 나오는데 에너지가 약간 줄어들어 있다. 따라서 이 부분의 곡선은 좀 더 날카롭다. 이 사진에서 납으로 된 벽을 지나고 5센티미터의 공기층을 통과했다는 것은 우주선이 아주 적게 있다는 뜻이다. 그리고 양성자는 그렇게 멀리 이동할 수 없다.

우주선을 연구한다는 것은 결코 쉬운 일이 아니었다. 앤더슨은 사진을 1,300장이나 찍고 일일이 확인했다. 그런데 그중 양전하를 띤 우주선의 궤적으로 보이는 것은 15개뿐이었다. 앤더슨은 다음과 같이 말했다.

"따라서 저는 양전하를 띤 전자는 이후 양전자가 계속 줄어들 것이며, 전하량은 음전하를 띤 자유전자의 양과 같아질 것이라고 결론을 내렸습니다."

**앤더슨의 안개상자**

너비 14센티미터
깊이 1센티미터

## 반물질

반물질은 서로 상반된 성질을 갖는 상대끼리는, 쉽게 말해 전자와 양자가 충돌할 경우, 감마선을 방출하며 각각 소멸된다. 아직까지는 반물질이 일반 물질과 충돌하면서 감마선을 방출하는 경우가 관찰되지 않았기 때문에 우주공간에 반물질이 존재하는 곳이 많지 않을 것으로 예상되고 있다. 우주에서 빅뱅이 일어날 때 왜 반물질보다 일반 물질이 더 많이 생성될까? 이는 우주론의 미스터리 중 하나다.

**연구자:**
프리츠 츠비키

**연구 분야:**
우주론

**결론:**
우주에는 우리 눈에 보이는 별을 통해 설명할 수 있는 것보다 훨씬 더 많은 질량을 가진 물질이 존재한다.

# 중력은 은하들을
# 어떻게 연결하고 있는가?

### 암흑물질과 사라지는 우주

20세기의 명석한 천체물리학자 프리츠 츠비키(Fritz Zwicky)는 1898년 불가리아에서 스위스인 아버지와 체코인 어머니 사이에서 태어났다. 그는 6살 때 조부모님이 계신 스위스로 건너가 대학에서 무역을 전공했으나 곧 수학과 물리학으로 전공을 바꿨다. 이후 1925년 미국으로 이민을 간 그는 캘리포니아공과대학교에서 로버트 밀리컨과 함께 연구를 하면서 천문학, 천체물리학, 우주론에 흥미를 갖게 됐고 이 분야를 확장시키는 데 막강한 영향을 끼쳤다.

## 초신성과 중성자별

1930년대 초반에 츠비키는 독일 출신 천문학자 발터 바데와 '새로운 별들'에 관한 연구를 시작했다. 우주선이 별이 폭발하여 사멸하면서 생성된다고 보았던 츠비키는 이러한 폭발 현상을 초신성이라 하였다. 이후 52년 동안 츠비키와 바데는 120개의 초신성을 발견했다. 사실 초신성은 전혀 새로운 개념이 아니었다. 이 현상을 설명할 수 있는 학자가 없었을 뿐이다. 1572년 덴마크의 천문학자 티코 브라헤가 초신성을 관측했다는 기록이 있다.

1933년 츠비키는 질량이 큰 별은 밝은 빛과 우주선을 방출하면서 대폭발로 사멸한다는 이론을 발표했다. 간단하게 설명하자면 이런 것이다. 별이 폭발한 후에는 양자와 전자가 함께 으스러져 중성자를 형성하는 단단한 별 하나만 남는다. 이렇게 탄생한 중성자별은 거리가 몇 마일밖에 되지 않는 작은 별이지만 엄청나게 밀도가 높을 것이다. 전자라는 개념도 등장한 지 얼마 되지 않았던 때라 당시에는 아무도 츠비키의 말을 믿지 않았다. 그러다 1967년 조슬린 벨이 펄서(일정 주기로 펄스 형태의 전파를 방사하는 천체, 맥동전파원이라고도 함-역주)를 발견한 후 학자들은 뒤늦게 츠비키의 이론에 관심을 갖기 시작했다.

## 은하의 질량은 얼마나 될까?

1932년 네덜란드 천문학자 얀 오르트는, 은하계에는 눈으로 관측한 별의 운동을 근거로 제시하여 설명할 수 있는 것보다 훨씬 더 많은 물질이 존재한다고 했다. 그러나 나중에 그의 측정은 잘못된 것으로 확인됐다.

1933년 츠비키는 지구에서 3억 2천만 광년의 거리에 있는 코마 은하단을 비리얼 정리를 이용하여 최초로 설명한 학자다. 비리얼 정리를 적용하면 은하의 궤도 속도와 은하에 작용하는 중력의 힘 사이의 관계를 나타내는 방정식을 유도할 수 있다. 비리얼(virial)은 힘이라는 의미를 지닌 라틴어 비스(vis)에서 유래한 단어다. 1870년 독일 물리학자인 루돌프 클라우지우스가 처음 비리얼 정리의 개념을 정의했다.

츠비키는 성단의 가장자리로 가까워지는 은하의 운동을 관찰했고 이 운동을 통해 성단의 총 질량을 예측했다. 그리고 광도를 이용하여 은하의 수와 질량을 예측해서 성단의 질량을 계산했다.

츠비키가 운동을 이용하여 계산한 결과는 광도를 관측하여 추측한 결과보다 400배나 더 컸다. 게다가 그가 눈으로 확인할 수 있었던 질량은, 은하 궤도를 회전하는 데 필요한 엄청난 속도를 발생시키기에는 턱없이 작은 수치였다. 이 '빠져 있는 질량'의 정체가 무얼까 하고 고민하던 그는 성단에는 눈에 보이지 않는 물질이 있지 않을까 추측을 하게 됐다. 그는 이 물질을 '암흑물질'이라고 했다.

## 신비의 물질

사실 츠비키가 계산한 결과는 매우 부정확했다. 그리고 '빠져 있는 질량' 문제는 한동안 해결되지 않은 상태로 남아 있었다. 이제 천문학자들은 츠비키의 아이디어를 입증할 수 있는 증거를 상당히 많이 찾았다. 많은 은하에서 눈에 보이는 물질의 질량에 비해 별이 궤도를 회전하는 속도는 너무 빠르다. 그리고 대부분의 은하는 중앙에 원반이 있는 엉성한 대칭 구조인 구의 형태이며 암흑물질과 눈에 보이는 별로 구성되어 있는 것으로 보인다. (1937년 츠비키가 처음으로 제안한) 중력렌즈로 관측한 결과에 의하면 질량을 가진 또 다른 물질이 존재했다. 넓은 범위에 집중되어 있는 이 물질은, 질량을 가지고 있는 눈에 보이는 물질이든 암흑물질이든 간에 상관없이 시공간을 왜곡시킬 수 있다. 따라서 훨씬 멀리에 있는 물질이 마치 렌즈를 통해서 보는 것처럼 확대되거나 왜곡되어 관측될 수 있다. 이 렌즈로 관찰하면 직접 관찰할 때보다 설명할 것이 훨씬 많은 경우도 있다.

1960년대 후반과 1970년대 초반, 베라 루빈은 나선 은하에 있는 별의 궤도 속도를 측정했다. 대부분의 별은 거의 같은 속도로 궤도를 돌고 있었다. 중력의 법칙에 따른다면 중심에서 멀리 떨어져 있는 별은 훨씬 더 천천히 궤도를 돌아야 옳았다. 하지만 성단의 중심에서 멀리 있을 때나 가까이 있을 때나 별들은 거의 같은 속도로 회전했다. 이는 곧 대부분의 은하는 우리가 눈에 보이는 별을 통해 설명할 수 있는 물질보다 여섯 배나 많은 물질로 구성되어 있다는 의미다.

우리 은하는 눈으로 볼 수 있는 물질보다 암흑물질이 10배나 더 많은 것으로 알려져 있다. 2005년 웨일즈 카디프대학교 천문학자들은 은하계 질량의 10분의 1인 은하를 발견했다고 발표했는데, 이 은하는 전부 암흑물질로 이뤄져 있었다. 현재 암흑물질은 우주의 27퍼센트를 구성하고 있는 것으로 알려져 있으며, 나머지인 73퍼센트의 대부분은 암흑 에너지(밀어내는 힘으로 팽창을 가속화하는 우주 에너지-편집자주)로 설명될 수 있다.

# 슈뢰딩거의 고양이는 살았을까, 죽었을까?

## 양자역학의 패러독스

**1935**
연구

**연구자:**
에르빈 슈뢰딩거

**연구 분야:**
양자물리학

**결론:**
두 가지 가능성은 공존한다.

과연 살아 있으면서 죽어 있는 고양이가 존재할까? 1935년 오스트리아의 물리학자인 에르빈 슈뢰딩거(Erwin Schrödinger)는 이처럼 언어유희 같은 질문을 던졌다. 양자론의 창시자인 닐스 보어와 베르너 하이젠베르크는 코펜하겐에서 공동으로 연구 활동을 펼치며 양자역학의 코펜하겐 해석을 제시했다. 그런데 슈뢰딩거는 이러한 양자역학적 사고를 일상의 대상에 적용시키는 것은 문제가 있다고 보았다.

　그중 하나가 보어와 하이젠베르크가 제시했던 '양자중첩'이라는 이론이다. 하나의 입자(혹은 광양자)가 두 가지 상태나 위치 중 하나가 될 수 있는 상황이라고 하자. 중첩은 동시에 두 가지 상태가 존재함을 의미한다. 그런데 동시에 존재하는 상태에서 갑자기 한 가지 상태로 바뀔 수도 있다. 그렇다면 입자가 어떤 상태인지 확실하게 규정할 수 있는 사람은 관찰자 한 사람뿐이다. 중첩이라는 개념의 그런 점이 마음에 들지 않았던 슈뢰딩거는 사고 실험의 형태로 모순을 지적했다.

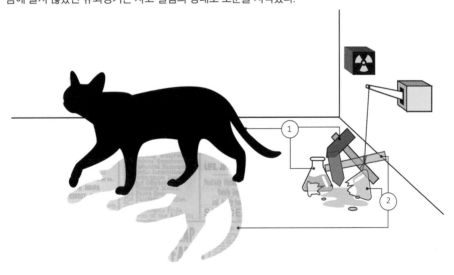

## 다친 고양이가 없다면…

탈출할 방법이 없는 철 상자에 고양이 한 마리가 갇혀 있다고 하자. 상자 안에는 방사성 물질의 입자가 들어 있는 기계 장치, 가이거 계수기, 독성이 있는 청산가리 병이 있다. 방사성 물질의 원자가 붕괴되어 가이거 계수기가 이를 탐지하면, 망치가 청산가리 병을 깨뜨리도록 작동돼 상자 안에는 독이 퍼지고 고양이는 죽을 것이다.

이때의 방사성 원소는 예측이 불가한 물질이다. 상자 안의 원소는 1초 후에 붕괴될 수도 있고 1년 동안 그 상태로 있을 수도 있다. 따라서 상자 안을 직접 들여다보지 않고서는 당장 30분 후에 방사성 원소가 어떻게 될지 알 수 없다. 그런데 중첩이론에 의하면 방사성 원소는 그대로 있으면서 동시에 붕괴되어야 한다.

## 관찰자의 중요성

쉽게 말해 관찰자가 상자를 열고 확인할 때까지 고양이는 살아 있는 상태인 동시에 죽어 있는 상태여야 한다는 얘기다. 슈뢰딩거는 바로 이 부분이 말이 안 된다고 생각했다. 사실 중첩이라는 개념은 현실 세계에 적용할 수 없다. 그래서 슈뢰딩거는 "중첩이라는 개념이 현실 세계를 대변할 수 없는 '흐릿한' 개념이라는 사실을 알려주기 위해 상자 안의 고양이에 비유한 것이다. 사실 중첩이라는 개념 자체에는 애매한 것도 모순도 없다"고 했다.

원자가 언제 폭발할지 알고 있는 관찰자가 고양이라고 주장하는 이들도 있었다. 관찰자가 고양이라는 것은 고양이가 살아 있어야 한다는 뜻이므로 이것도 모순이다.

닐스 보어는 관찰자가 존재하지 않는다고 주장했다. 그는 상자를 열기 전에는 고양이는 살아 있거나 죽었거나 둘 중 하나여야 옳다고 보았다. 그러나 그는 가이거 계수기가 고양이를 살리거나 죽일 수 있는 열쇠를 쥐고 있다는 사실도 알았다. 그렇다면 가이거 계수기가 관찰자인 셈이다. 이게 말이 되는가? 알베르트 아인슈타인은 다르게

생각했던 것 같다. 1950년대에 아인슈타인은 슈뢰딩거에게 다음
과 같은 편지를 보냈다.

> 당신은 한 사람만 정직하다면 그가 현실에 대한 가정을
> 해결할 수 없다는 걸 알고 있는 사람이오. 나는 대
> 부분의 사람들이 자신들이 현실과 얼마나 위험한
> 게임을 벌이고 있는지 모른다고 생각하오. 현실은
> 실험적으로 입증된 것과 별개이지만 말이오. 당
> 신은 '방사성 원소+[기계 장치]+상자 안 고양
> 이'의 비유로 이 부분을 정말 명쾌하게 설명
> 했소. 이제 아무도 고양이의 존재 혹은 부재
> 가 관찰 행위와는 별개라는 사실을 의심하지 않
> 을 것이오.

## 다세계 해석

이후 양자역학 모델에는 다양한 아이디어가 도입됐다.
1957년 휴 에버렛은 두 가지 가능성이 있을 때 둘
다 진실이라는 '다세계 해석'이라는 개념을 내놓
았다. 이 이론에서는 슈뢰딩거의 상자가 열렸
을 때 관찰자와 (살아 있는 혹은 죽어 있는) 고양이
는 둘로 나뉜다고 본다. 하나의 세계에서 관
찰자는 살아 있는 고양이를 보고 있는 반면,
다른 또 하나의 세계에서 관찰자는 죽어 있는 고
양이를 보고 있다. 그러나 두 고양이는 서로 만날
수도, 소통할 수도 없다. 중첩이라는 개념에서 시작
된 논쟁은 지금도 계속 이어지고 있다. 때문에 슈뢰
딩거의 고양이는 전 세계적으로 가장 유명하며 양자역
학계에서 가장 유명한 고양이일 것이다.

## 1939
## 연구

**연구자:**
레오 실라르드,
엔리코 페르미

**연구 분야:**
핵물리학

**결론:**
핵반응으로 에너지를 생성시
킬 수 있다.

# 원자폭탄 개발로 이어진
# 핵물리학

### 최초의 원자로

1933년 헝가리 물리학자 레오 실라르드(Leo Szilard)는 영국 방문 중에 『타임』지에 실린 어니스트 러더퍼드의 연설문을 읽게 됐다. 그때까지만 하더라도 러더퍼드는 원자물리학계의 원로로 불리던 인물이었다. 연설문에서 러더퍼드는 "원자를 변환하여 에너지원으로 사용하겠다는 생각은 헛소리다"라며 핵반응을 이용한 에너지 생산 가능성을 묵살해버렸다.

## 놀라운 아이디어

실라르드는 이 기사를 읽고 발끈했다. 9월 12일 흐릿하고 눅눅한 아침, 실라르드는 화가 나서 씩씩거리면서 런던의 블룸즈버리를 걷고 있었다. 그러다 대영박물관 근처에 있는 사우스햄턴 로우에서 길을 건너기 위해 신호를 기다리고 있었다. 바로 이때 끔찍한 생각이 떠올랐다. 누군가가 새롭게 발견된 중성자를 반응시킬 수 있는 방법을 찾아낸 장면, 즉 한 원자로 두 개의 중성자가 생성되는 모습이 머릿속에 그려졌던 것이다. 이 두 개의 중성자가 또 다른 두 개의 원자를 만나면 네 개의 중성자를 방출하고, 같은 방법으로 여덟 개가 또 방출되다 보면, 연쇄 반응이 일어날 것이다.

## 명석한 이탈리아인

로마에서 출생한 엔리코 페르미(Enrico Fermi)는 이론물리학과 실험물리학, 이 두 영역에서 화려한 이력을 자랑하는 인물이었다. 1938년 그는 중성자로 중원자를 파괴해 새로운 원소를 생성한 공로로 노벨 물리학상을 수상했다. 안타깝게도 이 '새로운 원소'는 새로운 원소가 아니라, 반응 시 생성되는 방사성 물질의 파편이었던 것으로 밝혀졌다. 페르미는 이 사실에 당황했지만 여전히 자신감에 넘쳤다.

한편 1939년 2차 세계대전이 터지기 직전, 실라르드와 페르미는 나치와 파시스트 정부의 위협을 피해 미국으로 망명했다. 독일 과학자들이 원자폭탄을 제작할 가능성이 있다는 사실을 눈치 챈 실라르드는 아인슈타인과 함께 루스벨트 대통령에게 '아인슈타인-실라르드 편지'를 보내 원자폭탄 개발을 비밀리에 건의한다.

## 임계량

당시 이미 우라늄 원소가 분해될 때 2~3개의 중성자를 생성시킨다는 사실을 알고 있는 과학자들이 존재했다. 그리고 우라늄 원자를 분해시킬 수 있는 저속중성자도 발견된 상태였다. 이제 핵 연쇄 반응을 일으키는 게 현실적으로 가능했다. 그런데 우라늄이 임계 질량(순수 금속 상태에서 15킬로그램, 야구공 크기보다 약간 큰 정도의 덩어리)에 도달하고 분열된 중성자들이 제각각 분열을 일으키면 이 반응은 더 이상 중단시킬 수 없다. 그러므로 특수 장비가 필요했다.

페르미와 실라르드는 세계 최초의 원자로 설치 작업에 착수했다. 두 사람은 시카고대학교에서 만나 도시 외곽의 안전한 지역인 레드 게이트 우즈에 원자로 설치 프로젝트를 실행하기로 논의했으나 노동자 파업 때문에 이 계획은 무산되고 말았다. 대안으로 스포츠센터 지하의 버려진 스쿼시 코트에 '시카고파일1(Chicago Pile 1, CP1)'을 설치할 계획이었으나 이 지역도 도시 중심부에 속한다는 것이 문제였다.

이 프로젝트는 그야말로 위험한 실험이었다. 실라르드와 페르미

를 비롯하여 프로젝트에 참여한 과학자 전원이 원자로 가동 및 중단 시간을 철저하게 계산했다. 까딱 잘못했다가는 시카고 전체가 파괴될 수 있었기 때문이다.

## 시카고파일1

원자로는 우라늄 소결체와 흑연 블록으로 구성된 파일이었다. 페르미는 우라늄 원자가 분해될 때 중성자가 방출되면 연쇄 반응이 너무 빨리 시작된다는 사실을 알고 있었다. 그러나 중성자는 파라핀과 물속의 모든 수소 원자와 충돌하므로 파라핀 왁스나 물을 이용하면 분해를 중단시킬 수 있었다. 흑연은 중성자의 반응 속도를 늦춰 다른 우라늄 원자와 충돌시켜 흡수율을 높이기에 효율적인 감속재였다.

이들은 반응 속도를 늦추고 중단시킬 장치가 필요했다. 이것만 가능하다면 원자로를 정상적으로 가동시킬 수 있을 터였다. 파일의 슬

롯에 넣을 준비를 마친 카드뮴과 인듐으로 된 제어봉까지 갖춰져 있었다. 카드뮴과 인듐의 중성자를 흡수하는 성질을 이용해 이들은 핵반응을 늦추거나 중단시킬 수 있었다.

이제 파일에 제어봉을 조립하는 작업까지 완료됐다. 1942년 12월 2일 오후 3시 25분, 드디어 제어봉이 당겨지고 시카고파일1은 임계점(액체와 기체의 두 상태를 서로 분간할 수 없게 되는 임계 상태에서의 온도와 이때의 증기압. 따라서 이 점까지만 액체가 존재할 수 있음-편집자주)까지 올라갔다. 인간의 힘으로 제어할 수 있는 핵반응이 최초로 시작되었다. 그리고 28분 후에 페르미는 작동을 중단했다. 그리고 원자로는 분해되어 레드 게이트 우즈로 옮겨졌다. 레드 게이트 우즈는 시카고파일2의 거점이 되었으며 나중에 그 자리에 아르곤국립연구소가 세워졌다. 이후 페르미는 로스앨러모스의 맨해튼프로젝트 관리자로 임명됐고, 그곳에서 1945년 앨라모고도 사막에서 최초의 원자폭탄 실험에서 생성되는 에너지를 측정하는 작업을 담당했다.

# CHAPTER 6: 우주 저 너머로:
## 1940~2009년

이 책의 전반부에서 과학자들은 주로 혼자서 장치를 만들고 연구를
했다. 그러다 연구의 수준이 날로 높아지고 연구비가 막대한 규모로
늘어나면서 연구소가 설립되기 시작했다. 거대과학의 시대에는 이
러한 추세가 더욱 심화될 것이다. 도넛 모양의 핵융합 발생 장치인
토카막의 발전 과정을 보라. 최초의 토카막은 냉전 시대에 소련에서
비밀리에 개발되었으나, 토카막 기술은 지속적으로 발전하여 유럽
공동연구 토러스(JET)에서 태양계의 고온 플라스마를 생산하는 수
준에까지 이르렀다.

1854년 루이 파스퇴르는 "관측의 영역에서는 기회는 준비된 자의 것이다"라고 했다. 1965년 발표된 빅뱅이론은 과학사에 길이 남을 사건이 되었으며, 2년 후 조슬린 벨의 펄서 발견도 이에 필적할 만한 성과다. 펄서 발견은 블랙홀 탐사 활동을 촉진시키는 계기가 되었다.

**연구자:**
이고르 탐,
안드레이 사하로프 외

**연구 분야:**
핵물리학

**결론:**
핵융합은 실용적인 기술로 입지를 굳히게 될 것이다.

# 별이 탄생하다?

## 토카막 개발

1950년대 이후 원자로에서는 핵분열 기술이 적용되어 왔으나 여전히 고가의 에너지원이었다. 시재료와 생성물 모두 방사성 물질이었기 때문에, 고장 위험, 노심용융(원자력발전에서 원자로가 담긴 압력용기 안의 온도가 급격히 올라가면서 중심부인 핵 연료봉이 녹아내리는 것-역주), 쓰나미로 인한 침수, 테러리스트들의 공격 등 다양한 문제에 노출되어 있었다. 방사성 폐기물을 장기적으로 처리하는 문제도 만만치 않았다.

이처럼 여러 가지 문제점을 안고 있는 핵분열의 대안으로 등장한 기술이 바로 핵융합이다.

### 핵융합과 핵분열

핵분열은 우라늄이나 플루토늄 같은 다량의 원자핵을 분열시킴으로써 작은 입자, 더 가벼운 원소의 원자, 다량의 에너지를 방출하는 기술을 말한다.

반면 핵융합은 두 개의 작은 원자핵을 융합해 더 큰 원자로 만드는 기술로, 쉽게 말해 수소의 원자핵을 헬륨의 원자핵으로 만드는 기술이다. 이러한 핵융합 기술에는 장점이 많다. 한 번에 반응하는 가스의 총 질량이 1그램 미만이기 때문에 시스템이 과열될 수도, 용융될 수도 없다. 그리고 원료가 아무리 고온이라고 해도 열의 양이 많지 않아 철이나 세라믹 벽이 녹지 않는다. 또한 생성물에도 방사성 물질이 많이 포함돼 있지 않기 때문에 폐기물 처리 문제도 걱정할 필요가 없다. 게다가 핵융합 반응을 통해 생성되는 에너지는 핵분열 에너지의 수천 배에 달한다.

## 선구자

핵융합 기술을 처음 개발한 학자들은 러시아인들이다. 모든 것이 극비로 진행되던 냉전 시대에 시작된 프로젝트였기 때문에 세부적인 내용은 알려져 있지 않다. '토카막의 아버지'라 불리던 아치모비치는 소련 원자폭탄 연구팀의 일원이었으며, 1951년부터 사망한 해인 1973년까지 소련 핵융합 에너지 프로젝트 총책임자였다는 정도만 알려져 있다. 그가 이끄는 연구팀은 실험실에서 최초의 핵융합 반응을 성공시켰다고 전해진다. 그는 실질적인 핵융합로가 가동될 시기가 언제쯤이 될 것인지 질문을 받은 적이 있는데, "인류가 핵융합 에너지를 필요로 하는 날, 그러니까 멀지 않았다"고 짧게 대답했다고 한다.

핵융합 반응을 위해 특별히 제작된 용기인 토카막은 그 모양이 토러스를 닮았다고 하여 붙은 이름이다. 원래 러시아어인 이 단어는 도넛 형상의 자기 코일방이라는 뜻을 갖고 있다.

최초의 토카막은 이고르 탐(Igor Yevgenyevich Tamm)과 안드레이 사하로프(Andrei Dimitrievich Sakharov)가 개발하여 1956년 모스크바의 쿠르치코프연구소에서 제작됐으며, 1968년 노보시비르스크에서 약 화씨 1,800만 도(섭씨 1,000만 도)에서 처음 핵융합 반응에 성공했다.

현재 16개국에서 30개의 토카막이 가동 중에 있다. 역대 최대 규모의 토카막은 영국 컬햄에 있는 유럽 공동연구 토러스(JET, the Joint European Torus)로, 사람이 내부를 걸어 다닐 수 있을 정도로 큰 규모다. JET는 1983년 6월 25일 처음 플라스마를 생성시켰고, 1997년에는 16메가와트의 핵융합 에너지를 생산하는 데 성공했다. 불과 1초도 안 되는 시간 동안이었다. 그러나 JET는 에너지를 생산하는 것보다 유지하는 데 더 많은 에너지가 필요하므로 절대로 상용화될 수 없는 전력발전소다.

## 플라스마

수소 원자를 헬륨으로 전환시키는 에너지를 만들려면 원자는 엄청나게 빠른 속도로 움직이고 서로 충돌해야 한다. 또 이 원자들이 빨리 움직이려면 원자는 화씨 1억 8천만 도(섭씨 100만 도) 정도의 엄청난 고온에서 가열되어야 한다. 이 온도에서 수소는 기체 상태에서 벗어나 플라스마가 된다. 즉 수소 분자($H_2$)가 원자($H_\bullet$)로 쪼개지는 것이다. 그리고 전자는 자유전자 주위를 돌고 있는 양성자(수소 이온 $H^+$)를 떠나 원자에서 떨어져 나오는데 이때 입자들은 모두 대전되어 있다. 즉 '자기병'에 저장될 수 있다는 의미다.

원자의 움직임은 항상 제어되어야 하는데, 이는 원자들이 반응 용기의 벽에서 충돌하면 에너지를 잃으면서 벽에 심각한 손상을 입힐 수 있기 때문이다.

한편 반응 용기 안에는 엄청나게 강력한 자기장이 작용하고 있으며, 자기장은 토러스 내부를 빙빙 돌면서 마치 밧줄처럼 꼬여 있다. 반응 용기 안에 이처럼 복잡한 자기장이 형성되어 있는 상태에 도달해야 수소 원자는 벽에서 떨어져 나올 수 있다.

반응실의 이중벽에는 냉각수가 흐르고 있는데, 핵융합 반응을 통해 생성된 에너지는 주로 이 냉각수를 통해 추출된다. 이 냉각수는 반응하는 동안 형성된 중성자나 직접 에너지 전환 프로세스를 통해 제거될 수 있고, 이 프로세스를 통해 전기로 하전된 입자들이 전류로 전환된다. 이렇게 생성된 에너지는 다시 물을 과열 수증기로 변환시킨다. 그리고 이 에너지가 일반 전력발전소처럼 터빈을 작동시켜 전기가 생산된다.

# 빅뱅의 메아리

### 우주배경복사를 찾아서

## 1965
## 연구

**연구자:**
아르노 펜지아스,
로버트 윌슨

**연구 분야:**
우주론

**결론:**
어린 우주의 지도를 작성할
수 있게 됐다.

미국 벨연구소에 있던 아르노 펜지아스(Arno Allan Penzias)와 로버트 윌슨(Robert Woodrow Wilson)은 길이가 15미터인 고감도 마이크로 파장 혼 안테나/수신기를 공동으로 연구하고 있었다. 이 혼 안테나는 1959년 전파천문관측소를 건설할 때 설치된 것으로, 에코기구위성의 신호를 중계하는 역할을 했다.

## 전파 잡음

어느 날 펜지아스와 윌슨이 시스템을 켰더니 전파 잡음이 들렸다. 희미한 배경 소음이었는데 어디서 나는 소리인지 알 수 없었다. 그리하여 두 사람은 라디오와 텔레비전 방송의 모든 효과를 제거한 뒤, 수신기에서 나오는 열의 간섭을 억제하기 위해 액화 헬륨을 이용해 수신기를 4캘빈(섭씨 -269도)으로 냉각시켰다. 그런데도 여전히 소음이 들렸다.

처음에 두 사람은 이 소음이 뉴욕, 그러니까 신호를 통제시키지 않은 자동차 스파크 플러그에서 오는 것이라고 생각했기 때문에 혼 안테나를 맨해튼 쪽으로 돌렸다. 그런데 쉭쉭 거리는 소음이 더 커지지 않는 것이었다. 그제야 이들은 소음이 하늘에서 오고 있다는 걸 깨달았다. 소음이 은하계 복사파로 인한 것이 아닐까도 의심해봤다. 하지만 자신들의 추측이 맞는다면 소리는 더 커야 했다. 이 소음은 하늘

에서 한꺼번에, 그것도 사방에서 일정한 강도로 오는 듯했지만 태양이나 달에서 오는 것 같지는 않았다. 두 사람은 혹시 수신기의 혼 안테나가 이 소음의 원인일까 싶어서 내부를 들여다봤더니 '백색 유전물질', 쉬운 말로 비둘기 똥밖에 없었다. 그리하여 이들은 비둘기 똥을 치우고 비둘기들의 보금자리까지 말끔히 청소했다. 그런데 웬걸! 쉭쉭 거리는 소음이 여전히 들리는 것이었다.

한편 뉴욕으로부터 60킬로미터 떨어진 프린스턴대학교에서, 로버트 디키와 그의 동료인 짐 페블과 데이비드 윌킨슨도 이러한 유형의 마이크로파 복사에 관한 연구를 막 시작하려던 참이었다. 디키 연구팀은 마이크로파 복사가 빅뱅과 관련이 있으리라 짐작하고 있었고, 그의 동료인 짐 페블이 이 주제로 논문을 썼다. 그 사실을 알게 된 펜지아스는 당장 디키에게 전화를 해 그동안 자신이 수집한 데이터를 보러 와달라고 했다.

프린스턴대학교 연구팀의 짐작대로였다. 펜지아스와 윌슨의 데이터를 보자마자 디키는 "특종 기삿감이야"라고 외쳤다. 그리고 1965년 펜지아스와 윌슨, 디키 연구팀은 「천체물리학저널」에 공동 논문을 발표했다.


## 빅뱅의 메아리

펜지아스와 윌슨이 들은 것은 우주배경복사(CMB: the cosmic microwave background radiation, 우주마이크로파배경복사라고도 함)에서 발생한 소리로, 정말 빅뱅의 메아리였다.

빅뱅은 우주로 상상할 수 없는 에너지를 폭발시켰고, 이 중 일부가 물질로 응축됐다. 우주의 나이가 약 38만 년이었을 때 우주는 투명한 상태였다. 이때의 응축된 에너지는 10억여 개의 번개 섬광이 동시다발적으로 발생한 듯한 형체를 띠고 색온도는 약 300캘빈이었을 것이다. 사진사들은 백색도를 표현할 때 색온도를 사용한다. 예를 들어 화씨 932도 혹은 500도(773캘빈)는 작열하는 붉은색, 화씨 2,732도 혹은 섭씨 1,500도는 노란색, 화씨 4,940도 혹은 2,727도(3,000캘빈)는 흰색, 태양은 화씨 8,540도 혹은 섭씨 2,727도(약 5,000캘빈)다.

어느덧 우주도 나이를 먹고, 빅뱅이 일어난 지 137억 년이 지나 현재의 상태에 이르렀다. 그럼에도 이 태초의 빛은 여전히 우주로 흘러 들어오고 있다. 그러나 우주공간이 너무 빠른 속도로 팽창했기 때문에 빛은 스펙트럼에서 파장이 긴 마이크로 파장 쪽으로 계속 적색편이를 해왔다(혹은 냉각돼 왔다). 그래서 우리는 지금도 마이크로파와 같은 태초의 빛을 볼 수 있다. 마이크로파는 빅뱅에서 온 빛이었던 것이다. 마이크로파의 파장 길이는 7.3센티미터인데, 이는 3캘빈의 온도(절대온도 3도 이상)로 흑체 복사에 해당되는 에너지다.

우주배경복사는 빅뱅이론의 정당성을 입증할 수 있는 강력한 무기였다. 이 중요한 증거를 펜지아스와 윌슨이 발견한 것이었다.

## 어린 우주 지도

펜지아스와 윌슨은 우주배경복사에는 등방성이 있다고 주장했다. 쉽게 말해 우주배경복사는 모든 방향에서 파장의 세기가 동일하다고 주장했으나, 나중에 약간의 차이가 있다는 사실이 밝혀졌다. 이때 온도 변화의 범위는 3캘빈에서 1,000분의 1도 미만 사이인데 실제로도 그랬다. 오른쪽에 있는 그림은 우주의 나이가 38만 년일 때, 그러니까 137억 년 전 지도다. 노란색, 특히 붉은 색 점 부위는 빛이 더 강렬한 곳이다. 이 위치에서는 물질이 한데 어우러져 별을 이루고 이 별들이 모여 다시 은하가 된다. 이 지도는 현존하는 가장 어린 우주의 모습이다.

**연구자:**
조슬린 벨

**연구 분야:**
천문학

**결론:**
블랙홀은 실제로 존재한다.

# 초록색 소인은 존재할까?

## 펄서와 블랙홀

블랙홀은 어떻게 발견됐을까? 1783년 5월 26일, 영국의 성직자이자 박학다식한 학자 존 미첼은 왕립학회 회원인 친구 헨리 캐번디시에게 장문의 편지를 보냈다. 이 편지에는 태양보다 500배나 큰 구체에 대한 내용이 있었다.

> 이것을 향해 무한한 속도로 낙하하는 물체는 그 표면에 이르면 빛보다 더 빠른 속도를 갖게 될 것이다. 그러므로 빛이 이 물체의 힘에 의해 당겨진다고 가정할 때 … 이 물체에서 방출되는 모든 빛은 자체의 중력에 의해 이 물체로 되돌아갈 것이다.

한마디로 미첼은 이미 블랙홀이라는 개념을 생각하고 있었다. 미첼에 의하면 이 물체는 너무도 거대하여 심지어 빛도 이것의 중력이 끄는 힘을 피할 수 없었다. 그로부터 13년 후 프랑스 수학자 피에르 시몽 라플라스가 『우주 체계 해설』을 발표하는데, 이 책에도 같은 개념이 등장했다. 블랙홀이라는 개념은 이후 계속 묻혀 있다가 1915년에 아인슈타인이 일반상대성이론을 발표하자 우주론에 대한 관심이 후끈 달아오르면서 다시 부각되기 시작했다.

### 박사과정생 조슬린 벨

북아일랜드 출신의 천문학자 조슬린 벨(Jocelyn Bell Burnell)은 1967년 영국 케임브리지대학교에서 박사과정을 밟고 있었다. 당시 그녀가 해야 할 일은 새롭게 발견된 신비로운 천문학적 물체인 퀘이사를 탐색하는 것이었다. 그를 위한 첫 번째 과제가 나무 기둥에 와이어를 감아 전파 망원경을 만드는 일이었다.

그날도 그녀는 평소와 다름없이 퀘이사를 탐색하려 했다. 퀘이사를 탐색하고 연구를 하려면 자동차와 온도조절장치의 신호를 억제시켜 주변의 간섭을 제거해야 했다. 바로 이때 범상치 않은 신호가 잡히더니 연구 기록지에 소량의 '스크러프(찌꺼기)'가 떨어졌다. 그 길로 그녀는 한밤중에 스쿠터로 수 시간을 달려 관측소까지 갔다. 녹음된 소리를 겨우 확대해서 들어봤더니, 정확하게 1.337초 간격으로 연속 무선 신호가 들렸다.

## 외계에서 온 메시지?

벨과 그녀의 지도교수인 안토니 휴이시는 인간이 만들어 신호가 이렇게 규칙적인 것이라고 생각했다. 하지만 벨은 이 신호가 분명히 하늘에서, 하늘의 특정한 지점에서 오고 있다고 봤다. 그녀는 잠시 이 신호가 외계 문명에서 온 것은 아닐까 생각해봤다. 그리고 이 신호 이름을 '초록색 소인(Little Green Men)'에서 따 LGM-1이라고 불렀다. 얼마 지나지 않아 크리스마스 직전에 그녀는 또 다른 신호, LGM-2를 발견했다. LGM-2 신호는 1.25초 간격으로 정점에 도달했다. 그렇다면 서로 다른 두 개의 외계 문명에서 교신을 보냈던 걸까?

나중에 이 신호들은 중성자별에서 왔다고 밝혀졌다. 1934년에 이미 이러한 신호가 존재할지도 모른다는 이론이 발표됐지만 실제로 관찰된 적은 없었다. 중성자별은 질량이 큰 별이 붕괴된 후에 생성되는 별로, 중성자로만 이뤄져 있고 일정한 거리를 유지시켜주는 전자가 없으며 밀도가 매우 높다. 어떤 중성자별은 지름이 겨우 12킬로미터밖에 되지 않는데 질량은 태양의 두 배다.

이 중성자별은 매우 빠른 속도로 회전하면서 라디오전파를 송출하고 있었는데, 이 전파는 마치 등대에서 나오는 불빛처럼 우주 전체를 휩쓸고 지나간다. 이 전파의 정체는 펄서였던 것으로 밝혀졌다.

펄서를 처음 발견한 학자는 다름 아닌 벨이었다. 벨이 발견한 펄서는 총 4개이고, 지금까지 발견된 펄서는 2,000개 정도인 것으로 알려져 있다. 그리고 1974년 펄서를 발견한 공로를 인정받아 (조슬린 벨이 아닌) 안토니 휴이시가 노벨물리학상을 받았다.

## 블랙홀은 정말로 존재하는 것일까?

중성자별이 실제로 존재한다고 알려지면서 블랙홀에 대한 관심이 다시 커졌다. 이제 천체물리학자들은 중력 붕괴가 가능하다는 사실을 알게 됐다. 스티븐 호킹이 블랙홀에서 아주 약한 적외선 신호를 보내고 있다는 사실을 밝혀냈다고 하지만, 블랙홀은 빛을 방출하지 않는 상태에 가까우므로 우리는 실물을 관찰하지 못한다. 블랙홀의 궤도를 회전하고 있는 일부 별들을 통해 블랙홀의 존재를 간접적으로 확인할 수 있을 뿐이다.

현재 학자들은 우리 은하를 포함하여 모든 은하의 중심에는 초거대 블랙홀이 있으리라 예측하고 있다. 또 은하계 중심 부근에 있는 90개의 별의 궤적을 관찰한 결과에 의하면 태양 질량의 260만 배에 달하는 블랙홀이 존재할 것이라고 한다.

지금까지 알려진 바에 의하면 블랙홀의 크기는 다양하다. 태양이나 달과 크기가 비슷한 블랙홀도 있고 수천 배나 더 큰 블랙홀도 있다. 그리고 블랙홀은 초거대형 별들이 붕괴될 때 형성되는 것으로 알려져 있다. 이때 작은 별들은 중성자별들로 변하지만, 큰 별들은 질량이 너무 크기 때문에 무한한 중력이 중성자들을 짓눌러 한 점으로 끌어당기는데, 이 점을 특이점이라고 한다.

# 우주 팽창은 가속화되고 있을까?

## 우리의 고독한 미래

## 1998
연구

**연구자:**
사울 펄무터, 애덤 리스,
브라이언 슈미트 외

**연구 분야:**
우주론

**결론:**
우주는 점점 더 빠른 속도로
팽창하고 있다.

현재 모든 은하에 작용하고 있는 힘은 중력뿐이다. 중력은 범위가 넓어질수록 약해지지만 사라지지 않고 있다. 중력은 항상 모든 것을 끌어당기고 있어야 하기 때문에 우주의 팽창 속도도 점점 느려져야 한다. 우주의 팽창 속도가 점점 빨라진다면 빅뱅이 시작되면서 우주는 대붕괴에 이를 것이다. 언제 이런 일이 일어날까?

1998년 사울 펄무터(Saul Perlmutter)는 미국, 유럽, 칠레 출신의 과학자 20명과 공동으로 초신성우주론프로젝트(SCP, the Supernova Cosmology Project)에 착수했다. 이 프로젝트의 목표는 우주의 팽창 속도가 어느 정도로 느려지고 있는지 계산하고 언제 대붕괴가 일어날지 예측하는 것이었다.

한편 브라이언 슈미트(Brian Schmidt)와 애덤 리스(Adam Riess)도 호주국립대학교 스트롬로천문대의 고(高)적색편이 초신성 연구 프로젝트(HZT, Hi-Z-Supernova Research Team)를 추진해왔다. 고적색편이를 의미하는 'High-Z'에는 지구에서 엄청나게 먼 거리에 있는 초신성이라는 뜻이 담겨 있다. SCP 프로젝트와 마찬가지로 HZT 프로젝트의 목표도 우주의 팽창 속도가 어느 정도로 느려지고 있는지 예측하는 것이었다.

두 팀 모두 지구에서 엄청나게 먼 거리에 있는 은하의 적색편이와 거리를 측정했다. 허블의 법칙에 의하면 물체와의 거리가 멀어질수록 빛은 스펙트럼의 끝부분에 있는 적색 파장 쪽으로 이동한다. 그러나 원거리에 있는 물체의 빛이 지구까지 도달하려면 수십억 광년이 걸리므로, 연구원들은 별의 거리와 적색편이를 비교하며 과거에 우주가 얼마나 빠른 속도로 팽창

했는지 계산했다.

천문학자들은 지구에서 볼 때의 겉보기 등급으로 거리를 계산한다. 이때 광도가 알려진 별을 계산의 기준으로 삼는데 이러한 별들을 '표준촛불'이라 한다. 그러니까 연구원들이 과거 우주의 팽창 속도를 계산하려면 일단 아주 먼 거리에 있는 표준촛불을 찾아야 했다. 두 팀의 연구에서는 IA형 초신성이라는 특별한 타입의 초신성을 표준촛불로 정했다. 백색왜성은 동반성으로부터 너무 많은 물질을 받으면 폭발을 하는데 이때 생성되는 것이 IA형 초신성이다.

## 놀라운 결과

1998년 후반, 두 팀은 초신성들의 거리와 적색편이의 관계를 비교한 결과에 관한 논문을 발표했다. 두 팀 모두 허블의 법칙에 따라 적색편이를 보이는 초신성들이 점점 더 빨리 이동할 것으로 예상하고 있었다. 그런데 예상을 뒤집는 연구 결과가 나왔다. 원거리에 있는 초신성들에서 적색편이 현상이 적게 나타났던 것이다. 이는 수십억 년 전 폭발 당시 초신성들에서 빛이 사라졌을 때 은하들은 허블의 법칙으로 계산한 예측 속도보다 더 느린 속도로 움직이고 있다는 뜻이었다. 그러니까 우주 팽창은 계속 가속화되고 있었던 것이다.

## 암흑 에너지

'암흑 에너지' 혹은 '진공 에너지'는 아주 작은 부압만으로도 작용한다고 알려져 있다. 이는 진공이 우주를 밀어내고 있는 까닭이다. 우주학자들은 암흑 에너지가 우주 공간을 침투하여 은하를 바깥쪽으로 밀어내는 속도가 가속화되면서 우주가 점점 빠른 속도로 팽창할 것이라고 예측하고 있다. 그리고 현재 학자들은 우주가 약 5퍼센트의 정상물질, 27퍼센트의 암흑물질, 68퍼센트의 암흑 에너지로 구성되어 있다고 본다.

# 우리는 왜 여기에 있는가?

### 삶, 다중 우주, 그리고 만물

## 1999
## 연구

**연구자:**
마틴 리스, 스티븐 호킹 외

**연구 분야:**
우주론

**결론:**
우주에 대해서 여전히 밝혀지
지 않은 것들이 많다.

우리는 왜 여기에 있는가? 지난 수천 년 동안 철학자와 과학자들이 고민해왔던 질문이다. 1999년 영국왕립천문대 천문학자 마틴 리스(Martin Rees)는 자신의 저서 『여섯 개의 수』에서 다음과 같이 여섯 개의 수를 정의했다. "하나의 우주를 만드는 '레시피'를 구성하고 있는 여섯 개의 숫자는… 이 숫자들 중 하나라도 다른 숫자들과 '조화가 이루어지지 않는다면' 별도 생명체도 없을 것이다. 이러한 조화는 불가해한 사실, 그러니까 우연의 일치일까? 아니면 자애로운 창조주의 섭리일까?"

리스는 둘 다 틀렸다고 말하면서 전혀 다른 숫자 체계가 지배하는 무수히 많은 다른 세계가 존재할 가능성을 제시한다. 그는 다른 세계에는 우리와는 다른 물리법칙이 적용되고, 다른 원소나 다른 특성을 지닌 원자가 존재하며, 생명체로 진화할 수 있는 분자도 존재하지 않을 것이라 한다. 리스에 의하면 우리는 그저 우리와 '맞는' 숫자 체계가 있는 하나의 우주에서만 진화해왔을 수 있다.

한편 스티븐 호킹과 레오나르드 믈로디노프는 『위대한 설계』에서 우주를 냄비에서 물이 끓을 때의 거품에 비유했다. 냄비 바닥에서 작은 거품들이 끓어올랐다가 다시 줄어드는 모습은, 우주에서 지적인 생명체는 물론이고 별과 은하가 지속적으로 성장하지 못한다는 사실을 보여준다. 그러나 어떤 거품은 끝까지 살아남아 수면 위까지 올라와서 수증기를 뿜어내기도 한다. 호킹과 믈로디노프는 이런 식으로 우주가 성장하는 모습을 표현했다.

## 인류 원리

지금 우리가 살고 있는 세계는 모든 것이 우리를 위해서 맞춰져 있다. 이것은 '인류 원리(the anthropic principle)'에서 제시하는 여러 개념 중 하나로, 'anthrophic'이라는 단어의 어원은 인류라는 의미의 그리스어 '안트로포스(anthropos)'다. 이 중 과격한 원리에서는 이 우주가 어떻게 해서든 인류의 진화를 허용하는 형태를 취한다고 주장한다.

한편 약한 원리에서는 우리가 수많은 우주 가운데 우리와 모든 특성이 잘 맞는 우주에서 살고 있다고 한다. 이것이 바로 리스의 『여섯 개의 수』에서 말하는 '우리에게 맞는 가치'다.

'인류 원리'라는 개념은 100년 전 앨프리드 러셀 윌리스가 처음 발표했으며, 1973년 브랜든 카터가 재해석했다.


## '우리에게 맞는' 우주는 어떻게 생겼을까?

리스는 '우리에게 맞는' 우주를 커다란 코트 상점에 비유하여 설명했다. 상점 안에 들어가면 어마어마하게 다양하고 많은 코트가 있는데 우리는 그중 자신과 가장 잘 맞는 것을 고른다. 마찬가지로 빅뱅도 하나가 아니라 여러 종류다. 그렇다면 그중에서 자신에게 가장 잘 맞는 특성을 지닌 우주 하나를 선택하여 만들어가는 것이 우리에게 가장 합리적일 테다. 따라서 리스는 아마도 수십 개, 수백 개, 수천 개의 다른 우주가 존재하리라 본다.


## 양자 세계

리처드 파인만은 양자의 세계는 단 하나의 역사를 택하지 않고 가능한 모든 경로를 취한다고 했다. 태초에 우리와는 다른 특성을 지닌 우주들이 동시에 창조됐기 때문에 원래부터 여러 경로를 동시에 취하는 것이 가능했던 것인지도 모른다.

이것은 휴 에버렛이 제시했던 양자역학의 '다세계 해석'과 비슷하다. 슈뢰딩거의 고양이가 서로 다른 세계에서 살아 있으면서 존재할 수 있다면 이 고양이는 서로 다른 우주에 있을지도 모른다. 이 말은 곧 관찰자가 상자를 여는 행위를 함으로써 새로운 세계를 창조한다는 의미다.

게다가 우리가 살고 있는 우주는 상상할 수 없을 정도로 거대하다. 우리 은하에는 2천억 개의 별들이 있는데, 이 중 대부분이 행성으로 보인다. 또한 우리 은하를 벗어나면 최소 1천억 개의 다른 은하가 있을 뿐만 아니라, 각 은하를 채우고 있는 별들과 (아마도) 행성들도 존재한다. 마치 우리를 위해 특별히 무수히 많은 물질들이 창조된 것처럼 말이다. 그런데 관찰자가 상자의 문을 여는 행위가 창조 행위와 같을 수 있을까?

## 우리는 왜 다른 우주를 볼 수 없을까?

개미의 군집체는 마치 2차원으로 이뤄진 종이와 같다. 두 장의 종이는 겨우 몇 인치 간격으로 평행하게 놓여 있는데, 그중 위에 있는 종이는 또 다른 세계로 3차원의 공간에 의해 분리돼 있으며 개미들은 이 세계에 접근할 수 없다. 다른 차원 속에 존재하는 다른 우주도 이와 같은 모습을 취하고 있기 때문에, 우리는 다른 우주에 접근할 수 없을지도 모른다. 불과 몇 인치 떨어진 공간에 또 다른 우주가 존재하는데 우리가 인식하지 못하고 있는 것일 수도 있다. 좀 더 복잡한 물리학 이론 중 'M이론'이라는 것이 있다. M이론에서는 무수히 많은 우주들을 수용할 수 있는 11차원의 공간이 존재한다고 주장한다.

그런데 무수히 많은 우주들이 존재한다고 해도 이 우주들과 소통할 수 없는 구조라면, 우리가 굳이 머리 아프게 이러한 우주들이 존재할지 모른다고 생각할 필요가 있을까?

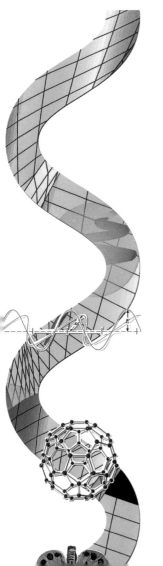

**2007**
연구

**연구자:**
돈 폴라코 외

**연구 분야:**
천문학

**결론:**
은하계에는 생명체가 존재할
만한 외계행성이 많다.

# 우리는 우주에 유일하게
# 존재하는 생명체일까?

## WASP와 SuperWASP

1965년 10월 6일, 프랑스 남동부의 오트프로방스천문대에 근무하는 스위스 과학자 미셸 마이어와 디디에 켈로즈가 외계행성 하나를 발견했다고 발표했다. 공식명은 페가수스자리 51b였다. 일반 행성의 궤도를 회전하는 외계행성으로는 페가수스자리 51b가 최초였다. 페가수스자리 51b는 목성보다 크기가 큰 거대 행성으로, 독특하게도 항성에 밀착되어 있었으며 공전 궤도를 한 바퀴 도는 데 4일이 걸렸다. 마이어와 켈로즈는 이러한 현상이 일어나는 이유를 중력의 끄는 힘이 모체항성을 앞뒤로 흔들기 때문이라고 분석했다. 이는 이 행성이 도플러 이동을 하는 주기변광성이라는 의미다.

### 외계에 생명체가 존재할까?

외계행성이 존재한다는 사실이 알려지면서 천문학자들은 눈에 불을 켜고 외계행성을 찾기 시작했다. 우리가 우주에 존재하는 유일한 생명체가 아니라면 지구와 유사한 행성에서 살고 있는 또 다른 생명체를 발견할 수 있으리라는 희망이 생겼기 때문이다.

천문학자들은 행성 탐색 시에 여러 애로사항이 겪었다. 그중 하나가 행성이 빛을 내지 않는다는 것이었다. 항성은 우리 눈에 잘 보이지만, 행성은 작고 어둡기 때문에 밝은 항성에 가려 잘 보이지 않기 때문이었다.

## 빛의 차단

그런데 북아일랜드 벨파스트의 퀸즈대학교 돈 폴라코 연구팀이 외계행성을 쉽게 탐색하는 방법을 찾아냈다. 폴라코 연구팀은 어딘가에 더 많은 외계행성들이 있을지 모르며, 그중에서 하나는 자신이 속해 있는 항성의 궤도를 돌고 있는 동안 스스로 빛을 차단하며 항성 앞을 지날 것이라고 생각했다. 따라서 이 연구팀은 항성만 찾으면서 희미하게 나타나는 주기적 조광을 관찰했다. 주기적 조광이 나타난다는 것은 행성이

그 앞을 지나고 있다는 의미였기 때문이다.

## 디지털 카메라

이처럼 독창적인 탐색 방식을 개발한 폴라코 연구팀은 캐논 렌즈 200mm f/1.8이 장착된 하이테크 디지털 카메라를 구입했다. 그다음에 이들은 케임브리지대학교, 카나리아 천체물리학연구소, ING(Issac Newton Group of Telescopes)의 지원을 받아 사하라 서부를 약간 벗어난 곳에 위치한 카나리아 제도의 라 팔마 산 정상에 작은 섬유유리 오두막을 설치했다. 그리고 프로젝트명을 광역행성추적(WASP, Wide-Angle Search for Planets)이라고 했다. WASP는 이후 퀸즈대학교와 영국 개방대학으로부터 공동으로 자금을 후원받아 카메라 네 대를 추가로 구입했고 프로젝트명을 슈퍼광역행성추적(SuperWASP, Super Wide-Angle Search for Planets)으로 변경했다. 그리고 이 프로젝트는 2002년부터 지금까지 계속 진행 중이다.

## 항성 사진

연구원들은 드디어 항성이 행성 앞을 지나간 흔적, 즉 광도가 감소한 부분을 찾아냈다. 가장 선명한 조광은 아주 큰 행성들에서 온 것이었다. 조광이 자주 생기기만 한다면, 그러니까 행성이 자신이 속해 있는 항성에 밀착되어 있고 빠른 속도로 공전하고 있다면 외계행성을 찾기도 쉬울 터였다. 이러한 조광은 며칠 간격으로 한 번씩 발견됐다. 덕분에 '뜨거운 목성(페가수스자리 51b 같은)'이라 불리는 행성들이 자주 발견됐지만, 생명체가 존재하리라는 확신이 들지 않았다. 너무 뜨거워서 표면에 액체가 없었고 중력 효과도 너무 강해서 생명체가 살 수 없을 것처럼 보였기 때문이다.

## 외계행성이 줄줄이 발견되다

SuperWASP는 2007년에 처음으로 외계행성 WASP-1b를 발견했다. 공전 주기가 2.5일인 '뜨거운 목성'이었다. WASP-1b는 항성에 너무 밀착돼 있어서 온도가 화씨 2,800도(섭씨 1,500도)에 가까웠고 거대한 중력에 의해 축구공 모양을 취하고 있었다. 그리고 2015년까지 SuperWASP는 100개의 외계행성을 더 발견했다.

SuperWASP 프로젝트의 성공에 자극을 받았는지 미국 항공우주국(NASA)에서는 2009년 케플러라는 우주선을 발사했다. 케플러는 지금까지 145,000개의 항성을 관측하고 조광을 확인했는데, 여기에서 탐색된 외계행성이 1,000개 이상이었다. 실제로는 3,000개 정도 더 있을 것으로 보인다.

현재 천문학자들은 대부분의 항성이 자체의 행성계를 갖추고 있으며, 은하계에만 골디락스 영역(생명체가 거주할 수 있는 조건을 갖춘 행성) 내에 지구와 유사한 형태의 암석으로 이뤄진 행성이 110억 개 정도 있을 것이라고 추측하고 있다.

# 힉스 입자는 발견될 수 있을까?

## 초대형 강입자 충돌기

## 2009
## 연구

**연구자:**
피터 힉스 외

**연구 분야:**
입자물리학

**결론:**
힉스 입자는 이미 발견됐을지도 모른다.

입자물리학자들은 원소를 구성하는 기본 입자의 세계를 연구하는 데 대부분의 시간을 보낸다. 이들은 중성자에서 쿼크에 이르기까지 작은 입자들의 세계를 파헤치면서 새로운 언어를 창조했고 수십 년 동안 '표준모형'에 맞춰 이 입자들을 연구해왔다.

1964년 획기적인 사건이 일어났다. 스코틀랜드 에든버러대학교의 피터 힉스(Peter Higgs)가 표준모형 내에는 입자에 질량을 부여하는 소립자가 있을 것이라고 주장한 것이다. 그리고 그는 이 소립자가 '보손(boson)'일 것이라 했다. 이후 수많은 물리학자들이 보손을 찾으려 노력해왔지만 아직까지 이 입자를 발견한 학자는 없다.

## 충돌형 가속기

입자는 빨리 움직일수록 손상될 가능성이 높다. 그러므로 입자가 더 많이 손상될수록 더 많은 비밀이 풀릴지 모른다. 이러한 까닭에 물리학자들은 엄청난 속도로 입자의 움직임을 가속화시키는 장치를 발명해왔다. 처음에 물리학자들은 정전형 가속기를 사용하다가, 연속적으로 형성된 전기장이 하전 입자들을 앞으로 밀어내는 선형 가속기를 사용했다. 선형 가속기에서는 입자 뭉치들이 판에 다가오면서 판 위에 있는 반대 전하에 의해 끌어당겨진다. 입자들은 판의 구멍을 통해 오가면서 반대 전하로 바뀐다. 이 과정을 거치면 반대 전하로 하전된 입자들이 원래의 입자들을 밀어내고 다른 판을 향해 더 빨리 움직인다. 이때의 프로세스는 선형으로 연속적으로 이뤄진다.

그다음에 등장한 장치가 사이클로트론이었다. 사이클로트론의 기

본 작동 원리는 선형 가속기와 유사한데 원형으로 휘어지는 프로세스다. 입자들은 먼저 전자기장에 의해 원형으로 당겨진 후 에너지가 1,500만 전자볼트에 도달할 때까지 속도가 빨라지면서 계속 회전을 한다. 싱크로트론은 사이클로트론이 업그레이드된 장치로, 이 장치를 이끄는 자기장은 입자빔과 동시에 생성된다.

## 초대형 강입자 충돌기

강입자는 강한 힘이 한데 몰려 있는 쿼크로 만들어진 입자다. 예를 들어 수소 원자의 핵(H⁺)과 같은 양성자가 강입자다. 초대형 강입자 충돌기는 선형 가속기와 싱크로트론을 이용하여 강입자, 특히 양성자의 움직임을 가속화시키기 위해 제작된 장치다.

프랑스와 스위스 국경 지대의 약 100미터 지하에는 원형 터널이 있다. 이 원형 터널에는 길이가 27킬로미터이고 폭은 4미터이며, 직경이 약 10센티미터인 파이프 한 쌍이 설치돼 있다. 각 파이프 안에서 흐르는 양자들은 서로 충돌하는데, 하나는 시계 방향으로, 다른 하나는 반시계 방향으로 원형으로 돌고 있다. 이 파이프들이 엄청나게 큰 싱크로트론의 공간을 차지하고 있다.

파이프 안으로 들어가기 전에 양성자는 선형 가속기로 한 번, 싱크로트론으로 세 번 돌렸기 때문에 이미 움직임이 가속화된 상태이며, 이 파이프 내에서 다시 양성자는 빛의 속도의 99.999999퍼센트, 즉 빛의 속도보다 초속 3미터 느린 수준에 도달할 때까지 가속된다. 이때 생성되는 에너지는 $4 \times 10^{12}$전자볼트다(데이비슨과 저머는 50전자볼트를 사용했다). 각 입자는 매 초 11,000회 27킬로미터를 회전한다.

양성자 빔은 원형으로 회전하도록 조정돼 있고, 각각의 무게가 30톤에 달하는 1,600개의 초전도 자석에 초점이 맞춰져 있으며, 96톤의 액화 헬륨에 의해 1.9캘빈(섭씨 -271도)으로 모두 냉각된다.

파이프 두 개가 한 곳으로 모이는 링에는 4개의 교차점이 있고, 바로 이곳에서 한 방향으로 질주하는 양성자들과 다른 방향에서 다가

오는 원자들이 충돌한다. 한마디로 반응이 일어나는 곳이다. 그리고 교차점들 주변에는 잔해물들을 조사할 수 있도록 탐지기가 설치돼 있다. 강입자 충돌기가 전출력으로 작동되면 양성자들은 초당 수백만 회 충돌을 한다. 그리고 각각의 양성자들이 입자의 흐름을 만드는데 하이테크 안개상자와 비슷하게 생긴 탐지기에서 이 흐름을 관찰한다. 탐지기에서 생성된 막대한 양의 데이터들은 지정된 컴퓨팅 그리드를 통해 36개국의 170개 컴퓨터로 전송되어 분석된다.

초대형 강입자 충돌기는 2009년 11월 23일에 최초로 가동됐으며, 불과 몇 달 사이에 전출력 가동에 성공했다.

## 목표

물리학자들의 꿈은 힉스 입자가 실제로 존재하는지 밝혀냄으로써 입자물리학계의 최대 미스터리를 풀고, 표준모형의 결점을 보완하여 그 범위를 확장시키는 것이다. 그리고 이를 통해 우주의 25퍼센트를 차지하고 있는 베일에 싸인 '암흑물질'과 '초대칭 이론'에서 예측하고 있는 새로운 입자를 발견하는 것이다.

## 결과

지금까지 여러 형태의 새로운 구성을 가진 강입자가 발견됐다. 학자들은 빅뱅 이후 몇 밀리초 내에 우주에서 구성된 것으로 보이는 에쿼크-클루온 플라스마를 관찰했고, 희귀 입자의 붕괴 현상을 통해 초대칭에 대한 증거를 찾았다. 하지만 학자들의 노력에도 불구하고 아직까지 힉스 입자에 대한 증거는 찾지 못했다.

# 찾아보기

# 용어 설명

**관성계:** 정지 상태인 장소 혹은 가속도 없이 한 방향으로 등속 운동을 하는 장소.

**광자:** 빛 에너지의 단위, 빛 파장의 패킷.

**광전효과:** 빛을 금속에 쪼였을 때 전자가 방출되는 현상.

**국제표준단위:** 국제 측정 단위 시스템.

**다상:** 3개 이상의 전도체를 이용하여 교류 전력을 분배하는 시스템.

**분광기:** 원자의 스펙트럼을 측정하는 장치.

**사상의 수평선:** 블랙홀과의 경계, 이 선을 지나간 물질은 다시 빠져 나올 수 없다(스티븐 호킹에 의하면 블랙홀이 소량의 복사선을 방출한다고 한다). 심지어 빛도 이 경계선을 지나면 다시 나올 수 없다.

**스핀:** 양자역학에서 입자의 각 운동량.

**신틸레이션:** 입자가 인광 스크린에 부딪칠 때 발생하는 빛의 섬광.

**알파 입자:** 두 개의 양자와 두 개의 중성자로 구성된 헬륨 원자의 핵.

**암흑물질:** 우주 총 질량의 84.5퍼센트를 차지하고 있는 눈에 보이지 않는 물질.

**양전자:** 반물질 입자. 전자의 특성을 지녔으나 양전하를 띠고 있다.

**열전대:** 두 가지 금속이 한 접합점에서 만나는 온도 측정 장치.

**우라늄:** 방사성을 지닌 중금속 원소.

**외계행성:** 태양계 외부에 존재하는 행성으로, 태양 주변의 궤도를 돌지 않는다.

**음극선:** 진공 상태의 음극에서 방출된 전자.

**적색편이:** 파장의 증가, 즉 주파수의 감소.

**중첩:** 양자역학의 코펜하겐 해석 중 한 개의 입자가 동시에 두 개 이상의 장소에 존재할 수 있다는 개념.

**청색편이:** 파장의 감소, 즉 주파수의 증가.

**초대칭:** 입자물리학 표준모형의 확장 개념으로, 모든 분자에는 쌍이 있음을 예측하였다.

**플라스마:** 물질의 세 가지 상태는 고체, 액체, 기체인데, 제4의 상태를 플라스마라고 한다. 플라스마 상태에서는 입자들이 이온화 되어 있다(플라스마 상태의 대표적인 예로 불이 있다).

**M이론:** 입자물리학적 개념으로, 우주의 모든 입자와 모든 에너지에 대한 설명을 시도한 '끈이론'에서 발전했다.

# 감사의 말

이렇게 많은 친구들에 대한 글을 쓸 기회를 준 실비아 랭퍼드, 특수상대성이론에 대한 자문을 해준 슬라브 토도로프, 특히 마이클 베리 경, 많은 고대 과학자들의 이론을 소개해 준 옛 동료 폴 바더, 마르티 조프슨, 존 프란카스에게 감사 인사를 전한다.

# 참고자료

**CHAPTER 1** Kingsley, Peter. *Ancient Philosophy, Mystery and Magic: Empedocles and Pythagorean Tradition* (Oxford, UK: Oxford University Press, 1995).

"On Floating Bodies" in *The Works of Archimedes*, ed. Heath, T. L., Cambridge, 1897 (New York: Dover Publications, 2002).

Chambers, James T. "Eratosthenes of Cyrene" in Magill, Frank N. ed., *Dictionary of World Biography: The Ancient World* (Pasadena, CA: Salem Press, 1998).

Sabra, A. I., ed., *The Optics of Ibn al-Haytham* (Kuwait: National Council for Culture, Arts and Letters, 1983, 2002).

Harré, Rom. *Great Scientific Experiments: 20 Experiments that Changed our View of the World* (Oxford UK: Phaidon, 1981).

**CHAPTER 2** Norman, Robert. *The Newe Attractive* (London: Ballard, 1581).

Galilei, Galileo. *Discorsi e Dimostrazioni Matematiche Intorno a Due Nuove Scienze* (Leiden: Louis Elsevier, 1638).

Pascal, Blaise. *Experiences nouvelles touchant le vide (New experiments on the vacuum)* (1647).

Boyle, Robert. *New Experiments Physico-Mechanical: Touching the Spring of the Air and their Effects* (1660).

Newton, Isaac. *Philosophical Transactions of the Royal Society of London* 6 (1671/2): 3075–3087.

(Rømer, Ole. Never officially published.)

Newton, Isaac. *Philosophiae Naturalis Principia Mathematica (The mathematical principles of natural philosophy)* (London, 1687).

Derham William. "Experimenta & Observationes de Soni Motu, Aliisque ad id Attinentibus (Experiments and Observations on the speed of sound, and related matters)." *Philosophical Transactions of the Royal Society of London* 26 (1708): 2–35.

Black, Joseph. Lecture, April 23, 1762, University of Glasgow.

**CHAPTER 3** Maskelyne, Nevil. "An Account of Observations Made on the Mountain Schehallien for Finding Its Attraction. By the Rev. Nevil Maskelyne, BDFRS and Astronomer Royal." *Philosophical Transactions of the Royal Society of London* (1775): 500–542.

Cavendish, Henry. "Experiments to Determine the Density of the Earth. By Henry Cavendish, Esq. FRS and AS." *Philosophical Transactions of the Royal Society of London* (1798): 469–526.

Volta, Alessandro. Letter to Sir Joseph Banks, March 20, 1800. "On the Electricity Excited by the Mere Contact of Conducting Substances of Different Kinds." *Philosophical Transactions of the Royal Society of London* 90 (1800): 403–431.

Young, Thomas. "The Bakerian lecture: On the theory of light

and colours." *Philosophical Transactions of the Royal Society of London* (1802): 12–48.

Cayley, George. "Sir George Cayley's governable parachutes." *Mechanics Magazine*, September 25, 1852.

Faraday, Michael. "On some new electro-magnetical motions, and on the theory of magnetism." *Quarterly Journal of Science* 12 (1821).

Doppler, Christian Andreas. "On the colored light of the double stars and certain other stars of the heavens." *Abh. Kgl. Böhm. Ges. d. Wiss.* (Prague) (1842): 465–482.

Joule, James Prescott. "On the Mechanical Equivalent of Heat." *Abstracts of the Papers Communicated to the Royal Society of London* (1843): 839–839.

Fizeau, Hippolyte, and Léon Foucault ."Méthode générale pour mesurer la vitesse de la lumière dans l'air et les milieux transparents. Vitesses relatives de la lumière dans l'air et dans l'eau" (General method for measuring the speed of light in air and transparent media. Relative speed of light in air and in water.) *Compt. Rendus* 30 (1850): 551.

Bessemer, Henry. *Sir Henry Bessemer—FRS, An Autobiography* (London: The Institute of Metals, 1905).

**CHAPTER 4** Michelson, Albert A., and Morley, Edward W. "On the Relative Motion of the Earth and the Luminiferous Ether." *American Journal of Science* 34 (1887): 333–345.

Röntgen, W. C. "Über eine neue Art von Strahlen" (On a New Kind of Rays). *Sitzungsberichte der Würzburger Physik-medic. Gesellschaft* (1895).

Thomson, Joseph John. "XL. Cathode rays." *The London, Edinburgh, and Dublin Philosophical Magazine and Journal of Science* 44, no. 269 (1897): 293–316.

Curie, P. and Curie, M. S. "Sur Une Nouvelle Substance Fortement Radio-Active, Contenue Dans La Pitchblende" (On a new radioactive substance contained in pitchblende). *Comptes Rendus* 127 (1898): 175–8.

Tesla, Nikola. *Colorado Springs Notes 1899–1900* (Beograd: Nolit, 1978).

Einstein, Albert. "Zur Elektrodynamik bewegter Körper." *Annalen der Physik* 17 (1905): 891.

Geiger, Hans, and Ernest Marsden. "LXI. The laws of deflexion of α particles through large angles." *The London, Edinburgh, and Dublin Philosophical Magazine and Journal of Science* 25, no. 148 (1913): 604–623.

Onnes, H. Kamerlingh. "The disappearance of the resistivity of mercury." *Comm. Phys. Lab. Univ. Leiden*; No. 120b, 1911. Proc. K Ned. Akad. Wet. 13, (21911) 1274.

Wilson, Charles Thomson Rees. "On a method of making visible the paths of ionising particles through a gas." *Proceedings of the Royal Society of London. Series A, Containing Papers of a Mathematical and Physical Character* 85, no. 578 (1911): 285–288.

Franck, J. and Hertz, G. "Über Zusammenstöße zwischen Elektronen und Molekülen des Quecksilberdampfes und die Ionisierungsspannung desselben" (On the collisions between electrons and molecules of mercury vapor and the ionization potential of the same).

*Verhandlungen der Deutschen Physikalischen Gesellschaft* 16 (1914): 457–467.

**CHAPTER 5** Einstein, Albert "Die Feldgleichungen der Gravitation" (The Field Equations of Gravitation). *Königlich Preussische Akademie der Wissenschaften*. 1915: 844–847.

Rutherford, Ernest. "LIV. Collision of alpha particles with light atoms. IV. An anomalous effect in nitrogen." *The London, Edinburgh, and Dublin Philosophical Magazine and Journal of Science* 37, no. 222 (1919): 581–587.

Dyson, Frank W., Arthur S. Eddington, and Charles Davidson. "A determination of the deflection of light by the sun's gravitational field, from observations made at the total eclipse of May 29, 1919." *Philosophical Transactions of the Royal Society of London: A Mathematical, Physical and Engineering Sciences* 220, no. 571–581 (1920): 291–333.

Gerlach, W., and O. Stern. "Der experimentelle Nachweis der Richtungsquantelung im Magnetfeld." *Zeitschrift für Physik* 9 (1922): 349.

Friedman, Alexander. "*Über die Krümmung des Raumes.*" *Zeitschrift für Physik* 10 (1922): 377–386.

Lemaître, Georges. "Un Univers homogène de masse constante et de rayon croissant rendant compte de la vitesse radiale des nébuleuses extra-galactiques." *Annales de la Société Scientifique de Bruxelles* 47 (1927): 49.

Hubble, Edwin. "A relation between distance and radial velocity among extra-galactic nebulae." *Proceedings of the National Academy of Sciences* 15, no. 3 (1929): 168–173.

Davisson, Clinton, and Lester H. Germer. "Diffraction of electrons by a crystal of nickel." *Physical review* 30, no. 6 (1927): 705.

Heisenberg, Werner. "Über den anschaulichen Inhalt der quantentheoretischen Kinematik und Mechanik." *Zeitschrift für Physik* 43, no. 3–4 (1927): 172–198.

Anderson, Carl D. "The positive electron." *Physical Review* 43, no. 6 (1933): 491.

Schrödinger, Erwin. "Die gegenwärtige Situation in der Quantenmechanik (The present situation in quantum mechanics)." *Naturwissenschaften* 23 (49) (1935): 807–812.

**CHAPTER 6** Fermi, E. "The Development of the first chain reaction pile." *Proceedings of the American Philosophical Society* 90 (1946): 20–24.

Bondarenko, B. D. "Role played by O. A. Lavrent'ev in the formulation of the problem and the initiation of research into controlled nuclear fusion in the USSR." Phys. Usp. 44 (2001): 844.

Penzias, Arno A., and Robert Woodrow Wilson. "A Measurement of Excess Antenna Temperature at 4080 Mc/s." *The Astrophysical Journal* 142 (1965): 419–421.

Hewish, Antony, S. Jocelyn Bell, J. D. H. Pilkington, P. F. Scott, and R. A. Collins. "Observation of a rapidly pulsating radio source." *Nature* 217, no. 5130 (1968): 709–713.

Cameron, A. Collier, F. Bouchy, G. Hébrard, P. Maxted, Don Pollacco, F. Pont, I. Skillen et al. "WASP-1b and WASP-2b: two new transiting exoplanets detected with SuperWASP and SOPHIE." *Monthly Notices of the Royal Astronomical Society* 375, no. 3 (2007): 951–957.

Rees, Martin. *Just Six Numbers* (London, Weidenfeld & Nicolson, 1999).

Gianotti, F. ATLAS talk at "Latest update in the search for the Higgs boson." CERN, July 4, 2012. Incandela, J. CMS talk at "Latest update in the search for the Higgs boson." CERN, July 4, 2012.

Aad, Georges, T. Abajyan, B. Abbott, J. Abdallah, S. Abdel Khalek, A. A. Abdelalim, O. Abdinov et al. "Combined search for the Standard Model Higgs boson in p p collisions at s= 7 TeV with the ATLAS detector." *Physical Review D* 86, no. 3 (2012): 032003.